수학 아이디어 퍼즐

아이디어와 추리로 도전하라

후지무라 고자부로·마쓰다 미치오 지음
임승원 옮김

전파과학사

머리말

언제였던가 센타니 쇼조(扇谷正造) 씨와 대담하였을 때 '집념'
에 대한 것이 화제에 올랐다.

발상(發想)은 어떠한 때에 생기는가를 테마로 하고 있었을 때
였다. 예부터 발상은 삼상(三上)—즉 마상(馬上, 말을 탈 때), 침상
(枕上, 베개를 베고 누웠을 때), 측상(厠上, 용변을 볼 때)의 세 가지—
에서 생긴다고 전해지고 있으나 단지 잠깐 생각이 떠올랐다는
것만으로는 일은 완성되지 않는다. 이것을 정리된 하나의 완성
품으로까지 가지고 가지 않으면 안 되는데 이에 대한 필요충분
조건은 무엇일까.

이에 대답하는 것은 매우 어렵지만 필요조건의 하나로서 '집
념'을 드는 것에 이론(異論)을 제기하는 사람은 적을 것이다. 그
리고 '집념'이라는 발전기의 힘이 크면 클수록 그 효과도 크다,
라고 이야기가 결말이 난 것처럼 생각한다.

이 책은 마쓰다 미치오 씨와 공저로서 두 번째이다. 첫 번째
는 『퍼즐 대담』(1971, 다이아몬드사)이고 M. 가드너 씨에 의해서
잡지 『Scientific American』의 「수학 게임(Mathematical
Games)」난에 소개되었고 그 뒤 역수입되어 『수학 게임 II』
(M. 가드너 지음)를 통해서 재차 소개되었다. 두 번째인 이 책은
이전 연구의 연속이라는 의미가 포함되어 있기도 하다.

나쓰메 소세키(夏目漱石)는 『硝子戶の中(유리문 안)』 30장에서
소세키 문학의 대표적 테마의 하나로 꼽히는 '계속중'이라는 말
을 설명하고 있다. 소세키가 자신의 건강상태를 표현하는 데에

4

"저어 그런대로 이럭저럭 살아 있습니다"라고 대답할 수밖에는 아무래도 달리 적당한 말을 찾을 수 없다, 라고 이야기하였더니 T군〔데라다 도라히코(寺田寅彦)〕은 이에 답해서 다음과 같이 말했다. "그거야 병이 치유되었다고는 말할 수 없네요. 그렇게 가끔 재발하는 상태라면 말이죠. 이를테면 이전의 병의 계속이겠지요."(1966, 소세키 전집)

그 뒤 소세키는 "병은 아직 계속중입니다"라는 인사로 고치기로 하였다, 라고 한다.

소세키의 병은 아니지만 우리의 퍼즐 연구도 여전히 은밀하게 불태우는 집념의 '계속중'이다.

후지무라 고자부로

차례

8

I. 지름길은 요주의

 호기심

"만나 뵐 때까지 퍼즐이라는 장르가 있다는 것을 알지 못했습니다. 퀴즈는 알고 있었습니다만……"이라는 말을 듣는 일이 있다. 그럴 때 다음으로 나오는 질문은 "어떠한 계기로 퍼즐을 연구하게 되었습니까"이다. 이에 답하는 것은 그리 쉽지 않다.

어린이 시절에는 누구나 호기심이 강하다. 그래서 이 사람 저 사람 가리지 않고 붙들고서 무엇이든 묻고 돌아다닌다. 그러나 어린이의 호기심을 만족시켜 주는 어른은 별로 없다.

질문을 해도 이렇다 할 대답이 돌아오지 않는다는 것을 알아챘을 무렵, 나는 다치카와(立川)문고의 애독자가 되었다. 다치카와문고의 발행원은 오사카시 히가시쿠에 있는 다치카와분메이도(文明堂), 소형의 사륙반절의 크기(B7판)라고는 하지만 호화판 길트톱(Gilt-Top) 크로스장(裝)이었다. 지금 바로 옆에 있는 복각판인 『頓智奇談, 大久保彦左衛門(재치 기담, 오쿠보 히코사에몽)』이외에 『頓智奇談, 太閤と曾呂利』등의 재치에 관한 책의 재미는 각별하였다.

재치에는 의외성이 있고 그것은 퍼즐의 본질과 통한다. 의외성에는 호기심을 만족시켜 주는 매력이 숨어 있다. 나는 어린이 시절, 호기심의 싹을 키워 주지는 못했지만 다행히도 싹을 따 버리지는 않았다. 지금까지도 호기심은 나의 퍼즐 연구의 원동력으로서 작용하고 있다.

물론 퍼즐을 푸는 기동력도 호기심이라는 것은 말할 것도 없다. 그러나 호기심이 해답의 지름길을 보여 주는지 아닌지는 알 수 없다.

예제 1. 그리스 십자의 계마(桂馬) 여행

(1) A에서 눈 목(目) 자 행마(行馬, 체스의 나이트의 코스)로 ★표에 가는 길의 하나를 오른쪽 그림에 보였다. 이 행마법으로는 6회째에 도달하고 있으나 A에서 ★표에는 불과 2회의 눈 목 자 행마로 갈 수 있는 별도의 길도 있다. 즉 최소 횟수는 2이고 그 길을 찾아내는 것은 쉬울 것이다(먼저 ④의 바로 아래로, 다음으로 ★표로 행마한다).

그런데 A에서 어떤 네모 칸까지 눈 목 자 행마로 도달하는 최소 횟수는 네모 칸에 따라 여러 가지이지만 이 최소 횟수가 가장 큰 네모 칸(눈 목 자 행마로 가는 데 가장 먼 네모 칸)은 어느 것일까.

(2) 아래의 왼쪽 그림처럼 A에서 출발하여 눈 목 자 행마로 모든 네모 칸을 한 번씩 지나서 마지막에 B에 도달하는 길을 낼 수 있다. 그러면 마찬가지로 눈 목 자 행마로 A에서 모든 네모 칸을 한 번씩 지나서 C로 끝나는 길을 얻을 수 있을까.

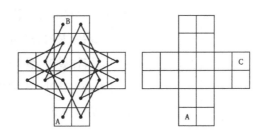

(3) 앞 문제의 A에서 B에의 눈 목 자 행마의 길은 이것으로 막다름이고 이를테면 열린 눈 목 자 행마의 길이다. 그러나 눈 목 자 행마의 길을 잘 선택하면 A에서 모든 네모 칸을 한 번씩 돌고 그다음에 출발점 A로 되돌아오는 닫힌 눈 목 자 행마의 길을 만들 수 있다. 그러한 눈 목 자 행마의 길을 찾아라.

		3	4		
		2	3		
3	2	3	2	3	2
4	1	4	1	4	3
		3	2		
		A	5		

(1) A에서 1회의 눈 목 자 행마로 갈 수 있는 네모 칸에 1이라 적는다.

다음으로 1에서 1회의 눈 목 자 행마로 갈 수 있는 네모 칸에 모두 2라 적고 거듭 2에서 1회로 갈 수 있는 네모 칸에 모두 3이라 적는다 (다만 이미 숫자가 적혀 있는 네모 칸은 그대로 한다). 이것을 반복하면 위의 그림처럼 된다. 각각의 네모 칸에 있는 숫자는 A에서 그 네모 칸에 가는 데 소요되는 눈 목 자 행마의 최소 횟수를 보여 주고 있다.

여기서는 5가 최대이므로 5의 네모 칸이 답이 된다.

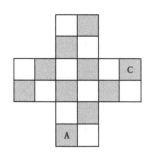

급하면 채워라—지름길을 찾는 데에 흔히 사용되는 정석(定石)이다.

(2) 답은 불가능으로 되고 그 이유는 다음과 같이 설명할 수 있다.

그림과 같이 전체를 체크무늬로 칠해 보면 1회 눈 목 자 행마를 할 때마다 네모 칸의 색깔은 흑에서 백으로, 백에서 흑으로 바뀌어 교대로 흑, 백, 흑, 백, …이 된다.

만일 A로부터 모든 네모 칸을 한 번씩 돌고 C에 이르는 길이 있다고 하면 마지막은 A에서 20번째에 해당된다. A로부터 세어서 짝수 번째의 네모 칸의 색깔은 A와 다른 것이 아니면 안 된다. 그런데 C는 그림에서 알 수 있는 것처럼 A와 같은 색깔이 되어 불가능하다는 것을 알 수 있다. **불가능의 증명은 흑백을 칠하고 나서—이것도 눈 목 자 행마의 퍼즐에서는 흔히 사용되는 방법이다.**

(3) 하나의 네모 칸으로부터 2방향밖에는 갈 수 없을 때는 이 네모 칸을 지나기 위한 길은 한결같이 결정돼 버린다. 그러한 필연적인 길을 적어 넣으면 아래의 왼쪽 그림처럼 된다. 그래서 예컨대 a가 분기점이 되는 셈이다. 즉 a에서 새로운 2방향의 길을 한쪽씩 적어 넣어 시도해 가면 된다.

답은 아래의 오른쪽 그림과 이 눈 목 자 행마의 길을 좌우로 뒤집은 그림의 2개가 있다.

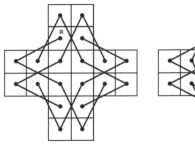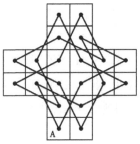

예제 2. 날 일(日) 자 행마의 지름길

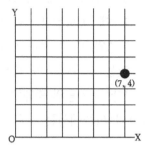

날 일 자 행마(8방향 날 일 자 행마)에서 좌표면의 격자점(格子點)이나 모눈의 네모 칸을 순회하는 길을 날 일 자(또는 눈 목 자) 행마라 하는 것은 앞의 문제에서도 언급하였다.

그런데 왼쪽 그림의 좌표면에서 원점 O(0, 0)에서 나와 격자점(7, 4)에는 최소한 몇 회의 날 일 자 행마로 갈 수 있을까. 그 길을 내어 보아라.

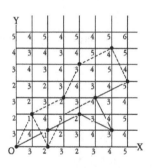

앞의 문제 (1)과 마찬가지로 급하면 채워라의 방법으로 격자점에 숫자를 적어 넣어 간다. 원점 O에서 1회의 날 일 자 행마로 갈 수 있는 격자점 모두에 1, …이라는 것처럼 적어 넣어 점(7, 4)에 붙이게 된 숫자 5가 최소 횟수를 나타내고 있다.

0, 1, 2, 3, 4, 5가 붙어 있는 격자점을 날 일 자 행마로 순서를 따라 점(7, 4)에 도달하는 길을 내면 되고, 그림에 보인 3가지 이외에도 취할 수가 있다.

참고 ━━━━━━━━━━━━━━━━━━━━━━━

일반적으로 원점에서 격자점(m, n)으로 가는 날 일 자(또는 눈 목 자) 행마의 횟수가 가장 적은 것은 다음의 공식으로 구할 수 있다.

〔도다 기요시(戶田淸), 『日本中等敎育數學會雜誌』, 1935년 5월호, 『數學余技』, 1941년〕

> **최소 횟수는 m+n-2p**

다만

$$m<2n \text{ 일 때는 } \left[\frac{m+n}{3}\right]=p$$

$$m\geqq2n \text{ 일 때는 } \left[\frac{m+2n}{4}\right]=p$$

라 한다 ($\left[\dfrac{m+n}{3}\right]$은 $\dfrac{m+n}{3}$을 넘지 않는 최대의 정수).

(예외) m=n=2일 때는 4회

m=1, n=0
또는   } 일 때는 3회
m=0, n=1

〈예제 2〉는 m=7, n=4의 경우이고

$$m<2n \text{ 이므로 } p=\left[\frac{7+4}{3}\right]=3$$

따라서, 최소 횟수는

$$m+n-2p=7+4-2\times3=5$$

이다.

16

예제 3. 변덕스러운 나이트

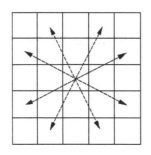

체스의 나이트는 팔방계마(八方桂馬, 팔방으로 가는 눈 목 자 행마)라고도 말하고 다음의 그림처럼 8방향으로 뛰어 옮길 수 있다.

〈그림 Ⅰ〉의 4개의 말 ①, ②, ③, ④를 비어 있는 네모 칸을 이용해서 눈 목 자 행마로 Ⅱ와 같은 배치로 바꿔 배열하기 바란다. 물론 같은 네모 칸에 2개 이상 동시에 넣을 수는 없다.

그러면 같은 말을 계속해서 움직이는 것을 한 수(手)라 세기로 하여 몇 수로 만들 수 있을까. 가급적 적은 수수(手數)의 풀이를 구하여라.

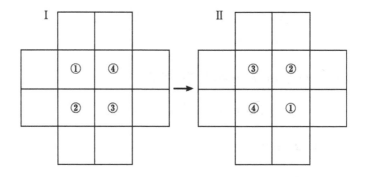

　먼저 네모 칸에 A, B, C, D …의 이름을 붙인다. A에서 출발하여 눈 목 자 행마도 모든 네모 칸을 지나서 A로 되돌아오는 길을 내면 아래 왼쪽 그림의 실선처럼 되고 점선의 다리를 놓으면 이 판 위의 모든 눈 목 자 행마의 길을 기입한 것이 된다. 거듭 이것을 펼쳐서 연결의 관계를 보인 것이 아래의 오른쪽 그림이다.

　이 그림의 길을 따라 차례차례 잇달아 옮기면서 ①과 ③, ②와 ④를 교환하라는 것이 이 문제가 된다.

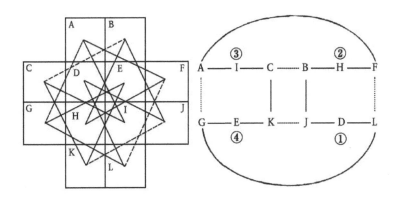

　이와 같이 그래프화하면 이동의 수순이 확실히 눈에 보일 것이다. 다음의 6수의 풀이를 생각할 수 있다.

　제1수 ① D→J→B (①을 D에서 J, 다음에 J에서 B로 계속해서
　　　　　옮긴다)

　제2수 ③ I→C→K→J→D

　제3수 ① B→C→I

18

제4수 ② H→B→J
제5수 ④ E→K→C→B→H
제6수 ② J→K→E

이 수순에 따라서 처음의 판에서 행하면 되는 것이다.

예제 4. 깡통에 의존해서 기름을 재서 나누다

8ℓ 기름 깡통이 있다. 이것을 2명이 4ℓ씩 나누려고 하는데 공교롭게도 3ℓ짜리 말[斗]과 5ℓ짜리 말밖에 없다. 이것만으로 8ℓ 깡통과 5ℓ 말에 기름을 4ℓ씩 넣을 수 있을까.

말을 바꿔 옮기는 조작은 다음의 2가지가 가능할 뿐이다.

(a) 말을 가득 채울 것(그때 말이 가득 찰 때까지 옮겨 담은 뒤는 원래의 말이나 깡통에 남긴다).

(b) 말이나 깡통에 들어가 있는 기름을 다른 말이나 깡통에 전부 옮겨 담을 것.

각 조작을 1수라 생각하여 그 수수를 가급적 적게 하려는 것 이다.

풀이는 표처럼 된다.

① 5ℓ 말을 채운다

→ ② 5ℓ 말에서 3ℓ 말이 가득 찰 때까지 옮겨 넣는다

→ ③ 3ℓ 말에서 8ℓ 깡통에 전부 옮겨 담는다

→ … 라는 것처럼 하여 7수로 목적이 달성된다.

그런데 이들 수순을 그래프를 사용하여 실로 교묘하게 구하 는 방법이 트위디에 의해서 고안되었다(M. C. K. Tweedie,

말 또는 깡통 \ 회	3ℓ	5ℓ	8ℓ
최초	0	0	8
①	0	5	3
②	3	2	3
③	0	2	6
④	2	0	6
⑤	2	5	1
⑥	3	4	1
⑦	0	4	4

『Mathematical Gazette』 23, 1939). 이것을 소개한다.

먼저 아래 그림을 보기 바란다. x좌표는 3ℓ 말, y좌표는 5ℓ 말, 오른쪽 아래로 내려가는 빗금에 붙인 숫자는 8ℓ 깡통에 들어가 있는 기름의 양을 각각 나타낸 것으로 한다. 따라서 빗금에 붙인 수는 8-(x+y)로 되어 있다.

최초 3ℓ 말에 0, 5ℓ 말에 0, 8ℓ 깡통에 8ℓ가 있었다. 이것을 좌표의 형태(0, 0, 8)로 나타낸다. 물론 0≤x≤3, 0≤y≤5이다. 또 8ℓ 깡통 기름의 양은 8에서 0 사이므로 퍼내거나 바꿔 옮기는 경우 평행사변형 OABC 밖으로 나가지 않는다.

1수의 조작으로 할 수 있는 것은 다음의 (a), (b)이다.

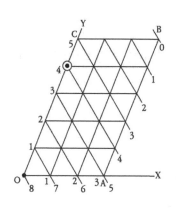

(a) (1) 3ℓ 말을 채운다(x=3이 되므로 그래프에서는 변 AB상에 온다).

(2) 5ℓ 말을 채운다(y=5이므로 변 BC상에 온다).

(b) 3ℓ 또는 5ℓ 말에 들어가 있는 기름을 전부 다른 용기에 옮긴다(x=0 또는 y=0이 되므로 변 OC 또는 OA상에 온다).

(a), (b)의 조작과 그래프상 점의 이동의 대응을 생각해 보자.

(a)의 (1)에는 2가지의 조작을 생각할 수 있다.

(i) 5ℓ 말 속에 있는 기름을 옮겨서 3ℓ 말을 채우는 것은 8ℓ 깡통의 기름의 양은 바뀌지 않으므로 그래프상에서는 처음의 상태를 보여 주는 변 OC상의 점 또는 변 BC 상의 점에서 그 점을 지나는 오른쪽 아래로 내려가는 빗금을 따라서 변 AB상의 점으로 옮겨지는 것.

(ii) 8ℓ 깡통 속에 있는 기름을 옮겨 3ℓ 말을 채우는 것은 5ℓ 말의 기름의 양은 바뀌지 않으므로 그래프상에서는 변 OA, OC 또는 BC상의 점에서 그 점을 지나고 OX에 평행인 직선을 따라서 AB상의 점으로 옮겨지는 것.

(a)의 (2)에도 2가지의 조작(3ℓ 말에서 5ℓ 말로, 8ℓ 깡통에서 5ℓ 말로)을 생각할 수 있고, 위의 (i), (ii)와 마찬가지로 그래프로 나타낼 수 있다.

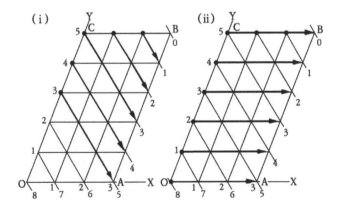

(b)에 대해서도 마찬가지이고 어느 조작도 그래프상에서 평행사변형 OABC의 변 위의 점에서 OX 또는 OY에 평행 또는 오

22

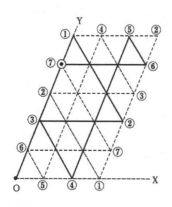

른쪽 아래로 내려가는 빗금을 따라 단번에 다른 변까지 나아가는 것으로 나타낼 수 있음을 알 수 있다.

그래서 문제는 이 진행 방법이고 O에서 ◉의 점으로 가는 지름길을 구하는 것이 된다. 예에 따라서 지름길을 구하는 정석, 급하면 채워라를 사용한다.

O에서 1수로 갈 수 있는 곳에 ①, ①에서 1수로 갈 수 있는 곳에 ②, … 반복해 가면 ◉에 ⑦을 처음으로 적을 수 있다. 이것은 ⑦회에서 처음으로 도달할 수 있음을 보여 주고 7회가 최소 수수임을 알 수 있다.

O에서 출발하여 번호의 차례로 나아갈 수 있는 길을 내면 위 그림의 굵은 선처럼 돼서 앞의 풀이가 된다.

예제 5. 엘리베이터 퍼즐

8층 빌딩이 있고 현관 정면에 엘리베이터 4대가 나란히 늘어서 있다. 어느 엘리베이터도 1층에서 8층까지 왕복하지만 4대 모두 도중에 4곳에 정지하고, 그 외에는 통과하는 것으로 되어 있다. 또한 각 엘리베이터는 상승, 하강 모두 같은 층에 정지한다.

오른쪽 그림에 4대가 정지하지하는 층을 O표로, 통과하는 층을 화살표가 붙은 선으로 나타냈다.

이렇게 해 두면 손님은 적당한 엘리베이터를 선택함으로써 어떤 층에서도 자기가 있는 층에서 바꿔 타지 않고 목적하는 층에 내릴 수 있다—자유자재라는 것이 이 빌딩의 서비스

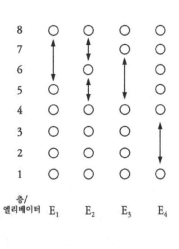

정신이라 한다. 정말 멋진 아이디어지만 정말로 자유자재인지 실제로 확인하기 바란다.

그런데 이 서비스 정신을 발휘하려면 실은 엘리베이터가 4대가 아니라도 된다. 최저 몇 대 있으면 될까?

정지하는 층을 잘 선택하면 다음 페이지 그림처럼 3대라도 된다. 그러나 2대로 하면 이미 어떻게 궁리를 하여도 불가능하

다. 8층의 빌딩에서 정지하는 층의 개수를 4라 하였을 때 필요한 최소 엘리베이터 대수는 3대가 된다.

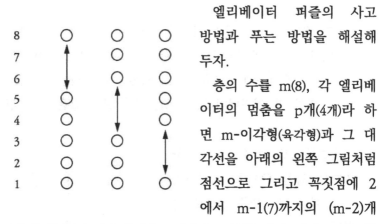

엘리베이터 퍼즐의 사고 방법과 푸는 방법을 해설해 두자.

층의 수를 m(8), 각 엘리베이터의 멈춤을 p개(4개)라 하면 m-이각형(육각형)과 그 대각선을 아래의 왼쪽 그림처럼 점선으로 그리고 꼭짓점에 2에서 m-1(7)까지의 (m-2)개(6개)의 정수(몇 번째 층인가를 나타내는 수)를 적어 넣어 노선도를 만든다. 이때 변이나 대각선은 엘리베이터에 의한 노선을 보여 주고 있다.

지금 이 m-이각형(육각형)의 꼭짓점 중에서 p개(4개)를 선정해서 그것을 꼭짓점으로 하는 p각형(사각형)의 변과 대각선을 아래 오른쪽 그림처럼 실선으로 그려 넣는다. 이 p각형(사각형)의 꼭짓점의 숫자는 1개의 엘리베이터의 멈춤을 설치하는 층을 나타내고 그 사각형의 변이나 대각선은 그 엘리베이터에 따라서 직행이 가능해지는 노선을 나타낸다.

그래서 가급적 적은 개수의 p각형(사각형)의 변과 대각선에 의해서 처음의 m-이각형(육각형)의 노선을 다 망라하는 궁리를 해 보는 것이다.

다음 그림에서 실선의 사각형(2, 3, 4, 5) 이외에 굵은 점선(2, 3, 6, 7)을 취하면 나머지는 (4, 5, 6, 7)을 꼭짓점으로 하

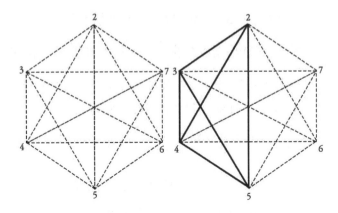

는 사각형에 의해서 망라할 수 있다. 이것들은 각 엘리베이터가 멈추는 층을 나타내고 3대라는 풀이를 나타낸 그림과 일치한다. 또 시행착오에 의해서 총망라를 시도하면 2개의 사각형의 변과 대각선으로는 모든 변과 대각선을 다 망라할 수 없는, 즉 2대의 엘리베이터로는 불가능한 것을 알 수 있다.

참고

● 필요한 최소 대수

"빌딩의 층수를 m, 도중 멈추는 층을 p곳이라 하면 필요한 엘리베이터의 최소 대수 n은 얼마가 되는가"라는 문제에 대해서 그 일반 공식을 구하는 것은 어렵다. 그러나 필요한 최소 대수가 어떠한 범위에 있는지는 다음 방법으로 얻을 수 있다.

(a) 적당한 궁리를 하면 반드시 가능한 대수 n_1(n_1보다 작은 n에 대해서도 가능한 경우가 있을지도 모르나 n_1 이상의 n에 대해서는 반드시 가능하다는 대수)의 알아낼 수 있는 한도의 작은 것을 구하고 싶다.

(i) m-3이 p-1로 나누어떨어지지 않을 때는 초항 m-p-1, 공차 -(p-1)인 등차수열 $\left[\dfrac{m-3}{p-1}\right]$ 항의 합에 1을 더한 수가 대수가 된다($[x]$는 x를 넘지 않는 최대의 정수를 나타낸다).

m-3이 p-1로 나누어떨어질 때는 초항 m-p-1, 공차 -(p-1)인 등차수열 $\left[\dfrac{m-3}{p-1}\right]$ 항의 합이 대수가 된다.

2p+2-m>0의 경우에는 $\left[\dfrac{p-1}{2p+2-m}\right]+2$가 대수가 된다.

(i), (ii) 중 작은 쪽을 n_1이라 한다.

(b) 이것보다 적은 대수로는 어떻게 궁리를 해도 불가능하다는 대수 n_2(n_2보다 큰 대수 n에 대해서도 불가능한 경우가 있을지도 모르나, n_2보다 작은 n에 대해서는 반드시 불가능하다는 대수)의 알아낼 수 있는 한도의 큰 것을 구하고 싶다. 그 수는 다음과 같이 하여 얻을 수 있다.

(i) $\left[\dfrac{_{m-1}C_2-1}{_pC_2}\right]+1$ (대)

(ii) $\left[\dfrac{\left(\left[\dfrac{m-4}{p-1}\right]+1\right)\times(m-2)-1}{p}\right]+1$ (대)

(i), (ii) 중 큰 쪽을 n_2라 한다.

물론 $n_1 \geqq n_2$이다.

$n_1=n_2$라면 이 $n_1(=n_2)$은 구하는 최소 대수이다.

$n_1>n_2$라면 $n_1 \geqq n \geqq n_2$를 충족하는 정수 n 중에 목표로 하는 최소 대수가 있다. 그래서 m-2각형의 노선도를 이용해서 시행착오에 의하여 n_2에 가장 가까운 풀이를 찾는 것이다.

〈예제 5〉는 m=8, p=4의 경우이고,

ⓐ (i) m-3=5가 p-1=3으로 나누어떨어지지 않으므로 초항
m-p-1=8-4-1=3,   공차 -(p-1)=-3인 등차수열의

$$\left[\frac{m-3}{p-1}\right] = \left[\frac{5}{3}\right] = 1$$ 항의 합에 1을 더하면 3+1=4 (대)

(ii) 2p+2-m=2×4+2-8=2>0이므로

$$\left[\frac{p-1}{2p+2-m}\right] + 2 = \left[\frac{3}{2}\right] + 2 = 3 \ \ (대)$$

그러므로 (i), (ii) 중 작은 쪽인 3을 취해서

$$n_1 = 3$$

이라 한다.

ⓑ (i) $$\left[\frac{{}_{m-2}C_2 - 1}{{}_p C_2}\right] + 1 = \left[\frac{{}_6 C_2 - 1}{{}_4 C_2}\right] + 1 = \left[\frac{14}{6}\right] + 1 = 3$$

(ii) $$\left[\frac{\left(\left[\frac{m-4}{p-1}\right]+1\right)\times(m-2)-1}{p}\right] + 1$$

$$= \left[\frac{\left(\left[\frac{4}{3}\right]+1\right)\times 6-1}{p}\right] + 1$$

$$= \left[\frac{11}{4}\right] + 1 = 3$$

(i), (ii)가 모두 3이므로

$$n_2 = 3$$

이다.

그러므로 이 경우는 n_1과 n_2가 모두 3이 되어 일치한다. 3대
가 최소 대수이다.

● 필요한 최소 대수의 일람표

m의 범위 $6 \leqq m \leqq 12$, p의 범위 $3 \leqq p \leqq 7$에 대해서 필요한 최소 대수 n을 표시해 두자.

(표를 보는 방법) 예컨대 다음 예의 m=8, p=4인 경우는 8의 아래, 4의 가로에 있는 3이 필요한 최소 대수이고 m=8, p=3 인 경우

p \ m	6	7	8	9	10	11	12
3	③	④	6	7	11	12	17
4		③	③	5	6	8	9
5			③	③	④	5	6
6				③	③	③	④
7					③	③	③

는 8의 아래, 3의 가로의 6이 필요한 최소 대수이다.

- ○표는 (a)의 n_1과 (b)의 n_2가 일치하는 것.
- 표가 없는 것은 (a)의 n_1과 (b)의 n_2가 일치하지 않는 것으로 풀이가 n_2대가 되는 것.
- □표는 (a)의 n_1과 (b)의 n_2가 일치하지 않는 것으로 게다가 n_2대로 불가능한 것.

필요한 최소 대수가 □표가 되는 것 같은 m, p의 경우가 퍼 즐 색이 짙다.

역수입 퍼즐

엘리베이터 퍼즐을 최초로 소개해 준 것은 미국의 잡지 JRM(Journal of Recreational Mathematics, vol.1, No.4, 1968)이다. 거듭 1973년에는 M. 가드너 씨가 『Scientific Americana』의 「Mathematical Games」에도 채택해 주었다. 일본에 소개된 것은 이 번역본이 완성된 해이다(1980).

하나의 퍼즐에는 하나의 역사가 있다. 엘리베이터 퍼즐의 역사를 한마디로 나타내면 "역수입의 길"이라고도 말할 수 있을 것이다.

문제 1. 끝없는 길

아래 그림은 5×6 직사각형 내의 네모 칸을 1회씩 지나서 원 위치로 되돌아오는 눈 목 자 행마의 길의 하나이다. 이 눈 목 자 행마의 길은 좌우대칭으로 되어 있다. 닫힌 눈 목 자 행마의 길은 이 이외에 좌우대칭의 것이 1개와 대칭이 아닌 것이 1개 있다. 그것을 구하여라.

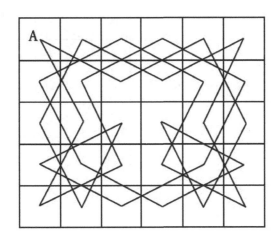

해답

좌우대칭의 것

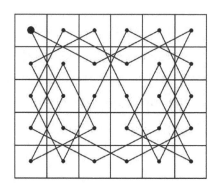

좌우대칭이 아닌 것

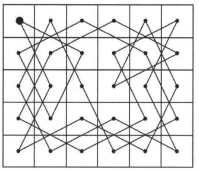

5×6 직사각형 내의 닫힌 눈 목 자 행마의 길이 본질적으로 다른 것은 앞 페이지의 것을 합쳐서 3개밖에 없다.

문제 2. 눈 목(目) 자 행마의 바둑돌 줍기

〈그림 a〉는 5×5개의 네모 칸의 방진(方陣) 안에 5개의 흰 바둑돌을 놓은 것으로 어떤 세로줄에도, 어떤 가로줄에도 1개씩 있다. 이것을 ★표의 네모 칸에서 출발하여 눈 목 자 행마로 전부 주워 들고 원래의 ★표의 네모 칸에 되돌아오는 길을 나타낸 것이다. 물론 바둑돌이 놓여 있지 않은 네모 칸을 지나도 되지만 그 네모 칸의 수를 가급적 적게 하여, 즉 가급적 적은 횟수의 눈 목 자 행마로 되돌아오는 길을 찾아내는 것이다. 도중에 같은 네모 칸을 2회 이상 지날 수는 없다. 다음의 예에서는 8회로 가능하여 이 문제에서는 최소의 횟수이다.

같은 조건으로 〈그림 b〉에 대한 최소 횟수의 풀이를 구하여라.

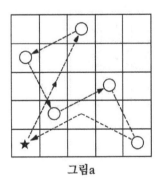

그림a

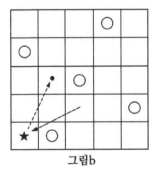

그림b

34

해답. 16회의 눈 목 자 행마로 가능하다

다음 2개의 그림은 그 예이다. 이 밖에도 16회의 풀이가 있으나 16회는 현재로서는 이 문제에 대한 최소 횟수의 기록이다.

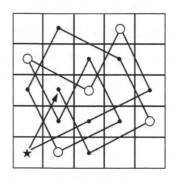

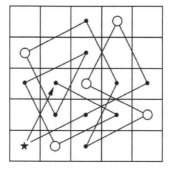

문제 3. 가장 먼 것은?

〈그림 a〉에서, A에서 출발하여 눈 목 자 행마로 차례차례 전진할 때 가장 먼 것은 어디일까?

〈그림 b〉에서, A에서 출발하여 눈 목 자 행마로 갈 때 가장 먼 것은 어디일까?

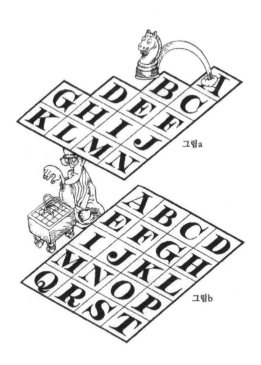

그림a

그림b

해답. 〈그림 a〉는 I, 〈그림 b〉는 D

예의 지름길의 정석으로 A의 네모 칸에서 눈 목 자 행마로
도달하는 최소 횟수를 각 네모 칸에 적어 넣어 본다. 〈그림 a〉
에서는 6이 최대, 따라서 I가 가장 멀고, 〈그림 b〉에서는 5가
최대, 따라서 D가 가장 멀다는 것을 알 수 있다. 눈 목 자 행
마의 길의 한 예를 화살표의 선으로 나타내 두었다.

〈그림 a〉의 경우

〈그림 b〉의 경우

문제 4. 가급적 적은 일수가 걸리는 길

A시와 B시 사이에는 그림과 같은 도로망이 있다. ○표 이외의 교차는 모두 입체교차로 되어 있다. A에서 B로 가서 용무를 마치고 갔던 길과는 전혀 다른 길을 지나서 A로 되돌아오게 되었다(같은 ○표의 교차점을 두 번 지날 수는 없다).

○표는 숙박이 가능한 도시이고, ○에서 다음 ○까지의 곡선 또는 선분이 1일의 노정(路程)으로 되어 있다. 가급적 적은 일수로 왕복하려고 하는데 며칠 걸릴까. 또 A, B 사이를 왕복하는 길을 잡는 방법은 몇 가지 있을까. A, B 사이 2개의 길을, 예컨대 a, b라 하여, A에서 B로 a, B에서 A로 b의 길을 지나서 왕복하는 것과, A에서 B로 b, B에서 A로 a의 길을 지나서 왕복하는 것과는 별개의 길을 잡는 방법이라 간주하기로 한다.

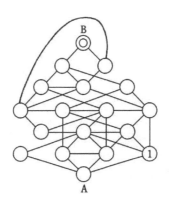

해답. 10일에 1왕복, 길을 잡는 방법 10가지 ━━━━━

A에서 1, 2, …, 5의 차례로 길을 내면 아래의 오른쪽 그림 처럼 된다. 즉 A에서 B에는 5일에 갈 수 있고 이것이 최소의 일수이다.

　a, a′, b, c, c′, d

의 6개의 길이 그것이고 왕복의 길을 생각하면 다음의 10가지 만큼 된다.

　(a, b) (a, c) (a, d) (a′, c′) (b, a)

　(b, c′) (c, a) (c′, b) (c′, a′) (d, a)

괄호 안의 첫 번째 문자는 가는 길을, 두 번째 문자는 돌아오 는 길을 나타내고 이들 중 하나에 의해서 10일에 1왕복 할 수 있어 그것이 최소의 일수라는 것을 알 수 있다.

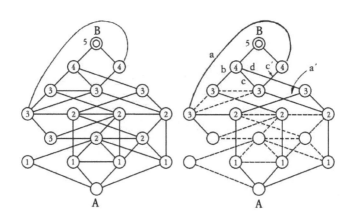

문제 5. 우회하지 않는 길

아래의 왼쪽 그림처럼 가로세로 규칙성 있게 뚫린 도로망이 있다. 우회하지 않고 A, B 2지점 간 왕복하는 방법이 몇 가지 있을까. 1회의 왕복에 가는 길과 돌아오는 길에 가령 1점이라도 중복이 있어서는 안 된다.

또 예컨대 아래의 오른쪽 그림에서 갈 때 길 a, 돌아올 때 길 b를 지나는 것과 그 반대로 갈 때 길 b, 돌아올 때 길 a를 지나는 것과는 별도의 길을 잡는 방법이라 생각하기로 한다.

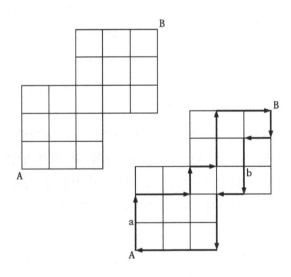

해답. 800가지 ━━━━━━━━

돌아오는 길을 적어도 1개 남기기 위해 그림의 점선의 길은 지나갈 수 없다. 그래서 점선 이외의 길로서 A에서 P를 지나서 B로 가는 길을 잡는 방법을 생각하면, 그림과 같이 36가지가 된다(각 점에 이르기까지의 길을 잡는 방법의 수를 차례로 기입해 감으로써 구할 수 있다).

1회의 왕복 안에서는 1점일지라도 중복을 허용하지 않지만 2개 왕복의 길에서 '같은 길'이라는 것은 '왕복 모두 일치하는 길을 말하는 것으로서 일부는 중복돼도 괜찮다. 특히 가는 길 또는 돌아오는 길의 한쪽만이 전적으로 일치하는 경우도 같은 길이라고는 말하지 않는다'라 하기로 하였다.

위 36가지의 하나하나에 대해서 이 길과 교차하지 않도록 B에서 Q를 지나서 A로 돌아오는 길이 몇 가지 만들어지는가를 조사한다. 위의 36가지 길 중 하나, 예컨대 앞 페이지의 오른쪽 그림의 a를 지나서 B로 가면 돌아올 때 잡을 수 있는 길은 9가지이다(확인 바란다). 이들의 총계는 400가지가 된다. 통과하는 방향이 반대가 되는 것을 같은 수만큼 생각할 수 있으므로 합쳐서 800가지가 된다.

문제 6. 변덕스러운 나이트—방해하는 자가 있는 경우

 이동의 조건은 〈예제 3〉과 같으므로 반복하지 않지만 이번에
는 ①, ②, ③, ④의 말 이외에 백흑의 바둑돌이 2개씩 있어, 이
것이 번호가 붙은 말의 진행에 방해가 된다. 백흑의 바둑돌도
역시 팔방으로 눈 목 자 행마를 할 수 있으나 마지막에는 원래
대로 백흑의 바둑돌이 와 있지 않으면 안 된다. 다만 좌우의 흰
돌끼리, 검은 돌끼리는 교체되어 있어도 괜찮은 것으로 한다.

해답. 13수 ━━━━━━━━━━━━━━━━━━━

〈예제 3〉과 마찬가지로 네모 칸에 A, B, … 라 이름을 붙이고 눈 목 자 행마의 길을 적어 넣고 나서 펴면 아래 그림과 같이 된다. 이 그림에서 수순을 생각하면 다음과 같이 된다.

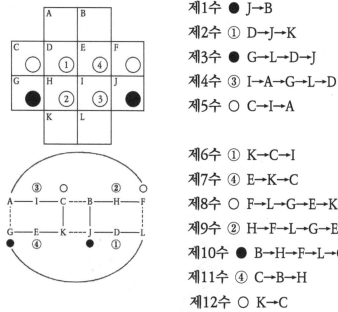

제1수 ● J→B
제2수 ① D→J→K
제3수 ● G→L→D→J
제4수 ③ I→A→G→L→D
제5수 ○ C→I→A

제6수 ① K→C→I
제7수 ④ E→K→C
제8수 ○ F→L→G→E→K
제9수 ② H→F→L→G→E
제10수 ● B→H→F→L→G
제11수 ④ C→B→H
제12수 ○ K→C
제13수 ○ A→F

이에 따라서 판 위에서 이동하면 된다.

문제 7. 백과 흑을 교체한다

(1) 상하, 좌우

그림과 같이 백과 흑의 바둑돌이 반상에 배열되어 있다. 빈자리를 이용해서 상하 또는 좌우 이웃의 돌을 옮길 수 있으나 돌을 뛰어넘거나 비낌으로 진행할 수는 없다. 물론 같은 테두리의 네모 칸에 2개 이상 동시에 넣는 것도 허용되지 않는다. 같은 색깔의 돌을 계속 움직여도 괜찮은 것으로 한다.

이러한 조건으로 백과 흑의 돌을 완전히 교체하라는 것이 문제인데 가급적 적은 수수(手數)의 풀이를 찾기 바란다.

(2) 상하, 좌우, 비낌

(1)과 조금 조건이 다르다. 빈자리를 이용하여 상하, 좌우 또는 비낌의 이웃의 돌을 옮길 수 있다. 비낌 방향의 이웃으로 옮길 수 있는 대신에 이번에는 검은 돌과 흰 돌을 교대로 움직이지 않으면 안 되는 것으로 한다. 돌을 뛰어넘거나 같은 네모 칸 안에 2개 이상 동시에 넣거나 할 수는 없다.

흑부터 시작하여 가급적 적은 수수로 흰 돌과 검은 돌의 위치를 완전히 교체하기 바란다.

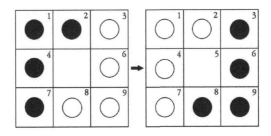

해답. (1) 20수 (2)16수 ▬▬▬▬▬▬▬▬▬▬▬▬▬▬

수순을 네모 칸 끗수의 숫자로 나타내 둔다. 예컨대 2라고 되어 있는 곳은 2의 네모 칸에 있는 돌을 이웃의 빈자리에 옮기는 것을 보여 주고 있다. 이동은 이것으로 결정된다.

(1) 2, 3, 6, 5, 4, 1, 2, 3, 6, 5, 4, 7, 8, 9, 6, 5, 4, 7, 8, 5

(2) 2, 3, 5, 8, 4, 2, 1, 5, 2, 6, 8, 9, 5, 8, 7, 5

문제 8. 어려운 말의 교체

원형의 둘레 위에 배열된 8개의 자리에 그림과 같이 흰 돌
○과 검은 돌 ●이 1개씩, 1~5의 번호를 붙인 말 1개씩이 배열
되어 있다. 1개만의 빈자리가 있어 길이 통하는 이웃의 말을
옮겨 넣을 수 있다. 이러한 말의 이동을 반복하여 흰 돌과 검은
돌의 위치를 좌우 교체하여라. 그 밖의 번호가 붙은 말은 도중
에 이동시켜도 지장 없으나 최종적으로는 처음에 있었던 대로
배치되어 있지 않으면 안 된다.

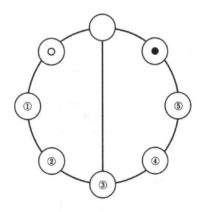

이 배치를 다음과 같이 나타내는 것으로 하여 생각하기 바란다.

⓪ ○ 1 2 3 4 5 ●

해답. 57수

언뜻 보기에는 불가능한 것 같지만 돌과 말을 다음의 차례로
빈 곳으로 움직여 가면 잘 될 수 있는 부분이 특징이다.

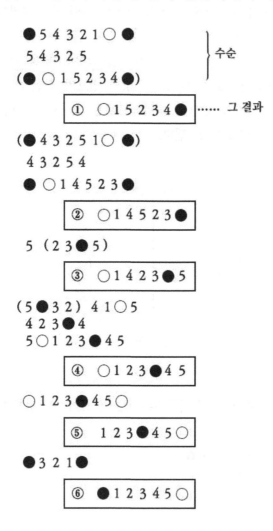

괄호 안은 결국 공제되어 없는 것과 같으므로 이것을 제외하고 57수가 된다. 57수의 풀이는 이 밖에도 발견되지만 이것보다 적은 수수의 풀이는 나와 있지 않다.

참고

이와 같이 수수가 많아지면 단순한 시행착오의 방법으로는 될 것 같지 않다. 무언가 논리적인 근거가 있는 것이 아닌가 생각하는 것은 인지상정이다. 내막을 밝히자.

3종의 회로에 의해서 말을 1개씩 이동시킬 수 있다.

A회로에 의해서 시계 방향과 반시계 방향으로 말을 하나씩 전진시켜서 말의 위치를 하나씩 옮기는 조작을 A로 나타내고 시계 방향으로 말의 위치를 하나씩 옮기는 조작을 $\overline{A}$로 나타내기로 한다.

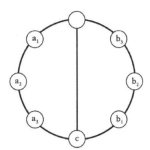

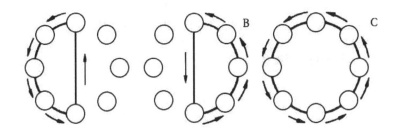

조작 B, $\overline{B}$, 조작 C, $\overline{C}$도 마찬가지로 생각한다.

조작 B에 의해서

$$a_1 \ a_2 \ a_3 \ c \ b_1 \ b_2 \ b_3$$
$$\downarrow \ B \ (b_3, \ b_2, \ b_1, \ c, \ b_3)$$
$$a_1 \ a_2 \ a_8 \ b_3 \ c \ b_1 \ b_2$$

이것은 오른쪽 끝의 b_3을 그 왼쪽에 있는 3개를 뛰어넘어서 옮길 수 있음을 보여 주고 있다. 만일 b_3 대신에, 예컨대 b_2, 그 왼쪽에 있는 3개를 뛰어넘게 하려고 생각하면 조작 C에 의해서 오른쪽 끝에 b를 가져온 다음, 조작 B에 따른다(왼쪽에 있는 3개를 뛰어넘는 것을 생각하였으나 조작을 역으로 하면 오른쪽에 있는 3개를 뛰어넘게 할 수 있음도 물론이다). 즉

$$a_1 \ a_2 \ a_3 \ c \ b_1 \ b_2 \ b_3$$
$$\downarrow \ C$$
$$b_3 \ a_1 \ a_2 \ a_3 \ c \ b_1 \ b_2$$
$$\downarrow \ B$$
$$b_3 \ a_1 \ a_2 \ b_2 \ a_3 \ c \ b_1$$
$$\downarrow \ \overline{C}$$
$$a_1 \ a_2 \ b_2 \ a_3 \ c \ b_1 \ b_3$$

가 된다. 이것을

$$a_1 \ a_2 \ a_3 \ c \ b_1 \ b_2 \ b_3$$
$$\downarrow \ C \ B \ \overline{C}$$
$$a_1 \ a_2 \ b_2 \ a_3 \ c \ b_1 \ b_3$$

처럼 나타내기로 한다.

문제의 그림에서 흰 돌과 검은 돌을 교체하는 것은 a_1과 b_3를 교환하는 것이 되고 다음과 같이 나타낼 수 있다.

⓪ a_1 a_2 a_3 c b_1 b_2 b_3
   ↓ $CB\overline{C}$
① a_1 a_2 b_2 a_3 c b_1 b_3
   ↓ $CB\overline{C}$
② a_1 a_2 b_1 b_2 a_3 c b_3
   ↓ $\overline{B}$
③ a_1 a_2 b_1 a_3 c b_3 b_2
   ↓ $C\overline{B}\overline{C}$
④ a_1 a_2 a_3 c b_3 b_1 b_2
   ↓ $\overline{C}$
⑤ a_2 a_3 c b_3 b_1 b_2 a_1
   ↓ A
⑥ b_3 a_2 a_3 c b_1 b_2 a_1

이와 같은 이동에 의해서 최초의 배열 방법에서 ④로 옮기는 것, 즉 b_3을, 그 왼쪽에 있는 2개를 뛰어넘게 하는 것이 가능하다(1개의 2개 뛰어넘는 길이 있는 것과 같아진다). 문제에서는 ④가 얻어지면 나머지는 용이하다.

이 문제에서는 필요하지 않았지만 1개의 1개 뛰어넘기가 가능하다.

즉

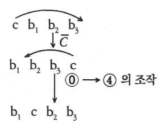

이고 b_1이 c를(또는 c가 b_1을) 뛰어넘는 길이 있다는 것이 된다. 따라서 어떠한 순서로 바꿔 배열할 수도 있다.

n개(n≧3)를 뛰어넘는 길이 있을 때는 최초의 배열 방법에서 ④로의 4회의 조작으로 1개의 2개 뛰어넘는 길이 반드시 얻어진다.

n이 홀수라면 위와 마찬가지로 1개의 1개 뛰어넘는 길이 얻어지는 것이 되어 어떠한 순서로 바꿔 배열할 수도 있다.

'퍼즐'의 의미

세간에서는 도대체 퍼즐이라는 것을 어떻게 보고 있는 것일까.

아사히(朝日)신문의 「좌표(座標)」(1980)에 현행의 법령 조문이 난해하여 의미를 파악할 수 없다는 것을 지적하는 '혀를 깨무는 법령 조문의 해(害)'라는 것이 실려 있었다. 독자 여러분은 이렇게 말한 것만으로 "아아, 그러한 수단 방법의 문장 말이지"라고 알게 될 것으로 생각되어 구체적인 예는 들지 않지만 이것들을 평가하여 "마치 퍼즐과 같다"라 적고 있다.

"Puzzle"을 사전에서 찾아보면 ① 당혹 ② 곤란한 문제, 난문, 난제, 그다음에 ③ 글자나 그림 속에 숨은 뜻을 알아맞히기, 수수께끼, 퀴즈라 되어 있다. 따라서 세간에서 보통 사용하고 있는 용법은 ①, ②에 해당되고 잘못되어 있다고 말할 수도 없다. 다만 이 책의 퍼즐은 ③도 아니다.

우리가 대상으로 하는 퍼즐은 사리를 모르는 것은 아니다. 논리적, 합리적인 것이다. 언뜻 보기에 사리를 모르는 것을 명쾌하게 해결하려고 하는 것이다. 수수께끼나 퀴즈와는 본질적으로 다르다.

퍼즐의 문제에서 '최소 횟수는?'이라든가 '가급적 많이'라든가 조건이 붙는 것을 푸는 경우 수학적으로 풀이가 발견되는 경우와 수학적인 결정적 방법이 발견되지 않는 경우가 있다. 예전에는 구별해서 생각하였으나 현재는 수학적으로 미해결이라도 올바른 추론에 따르는 한, **수학퍼즐**이고 새삼스럽게 '수학'이라는 문구를 붙이지 않고 **퍼즐**이라는 말로 양쪽을 포함시켜도 괜찮은 것이 아닌가 생각한다.

문제 9. 팔방으로 뛰는 '지에보즈'

그림과 같이 네모 칸 안에 8개의 흰 돌과 중앙에 1개의 검은 돌이 배열되어 있다.

어떤 돌에서 보아 가로와 세로, 비낌의 어느 방향도 이웃으로 뛰어넘을 수 있는 돌이 있어 그다음에 빈자리가 있을 때에 한해서 그 돌을 손에 집어 들고 그 이웃의 돌을 하나만 뛰어넘어 전진할 수 있다. 그때 뛰어넘기를 당한 돌을 반드시 제거하기로 한다.

이 룰로 흰 돌이 전부 제거되어 없어지고 마지막에 검은 돌이 원래의 위치에 남도록 하고 싶은 것이다.

같은 돌을 잇달아 움직이는 것을 1수라 세어 가급적 적은 수 수의 풀이를 구하여라.

(주) 보통의 '지에보즈(知惠坊主)'는 솔리테르(Solitaire)라고도 일컫는데 그것은 가로와 세로만이고 비낌으로는 뛸 수 없는 것으로 되어 있다. 팔방으로 된다고 각별히 다짐한 것도 그 때문이다.

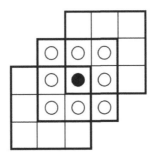

해답. 4수 ━━━━━━━━━━━━━━━━━━━━━━━

제1수 ⑤ (⑧, ⑨, ③, ①)

아래의 그림에서 ⑤를 잇달아 움직여서 ⑧, ⑨, ③, ①의 차례로 제거해 가는 것을 보여 주고 있다.

제2수 ⑦ (④)

제3수 ⑥ (②, ⑦)

제4수 ⑤ (⑥)

제 1수를 움직이는 방법

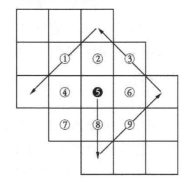

문제 10. 공평하게 나누려면?

그림과 같은 3개의 용기가 있다. 각각 9ℓ, 7ℓ, 12ℓ 들어간다. 12ℓ 용기에 기름이 가득 들어가 있다. 기름을 흘리지 않도록 차례차례 바꿔 옮겨서 2개의 용기에 6ℓ씩 있도록 나누어라.

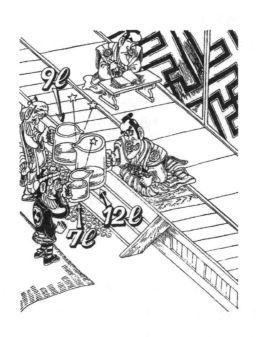

해답. 그것은 불가능하다 ━━━━━━━━

이때야말로 〈예제 4〉에서 언급한 그래프에 의한 지름길을 구하는 방법이 행세를 한다. 이 경우에는 풀이가 없으므로 여러 가지로 시도하여도 해답을 얻을 수도 없고 전부를 다 시도해서 불가능하다는 것을 말하는 것은 어렵다. 가령 전부의 경우를 다 시도하였다 해도 다른 사람에게 그것을 확인, 납득시키는 것은 곤란하기 때문이다.

〈예제 4〉를 본떠서 그래프를 만들어 보면 아래와 같이 된다.

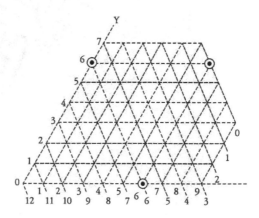

2개의 용기에 6ℓ씩 들어가 있는 상태는 ◉표로 나타낸 곳이지만 그곳에는 ◉표 이외의 상태에서 옮기는 길이 없다는 것을 바로 알 수 있다. 그것은 문제에서 요구하는 것이 불가능함을 보여 주고 있는 것이다.

(주) 빗금에 붙인 수는 0를 지나는 것이 최대인 12이고 차례로 11, 10, …, 0까지 있으므로 이 문제에서는 움직이는 범위가 오각형 안이 된다.

문제 11. 1ℓ만 나눠서

〈문제 10〉과 같은 조건일 때, 12ℓ 용기에 가득 들어가 있는 기름 중 단지 1ℓ만 어딘가의 용기에 담으려고 한다. 정말 가능할까?

해답. 5회의 조작으로 가능하다

어느 것인가의 용기에 1ℓ를 담은 상태는 그림의 ●표를 붙인 6곳이지만 그 가운데 최소 5수로 가능한 곳, (9, 2, 1)이 구하는 것이고 12ℓ 용기에 1ℓ를 담는 것이 된다.

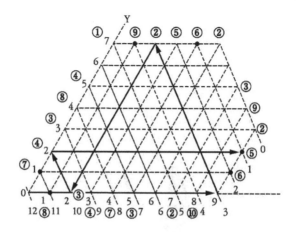

그 결과를 표로 나타내면 다음과 같다.

회 \ 용기	9ℓ	7ℓ	12ℓ
시작	0	0	12
①	9	0	3
②	2	7	3
③	2	0	10
④	0	2	10
⑤	9	2	1

문제 12. 심술궂은 주인의 분부

어떤 직원이 정확히 각각 7파인트(Pint)와 11파인트가 될 수 있는 말 2개를 가지고 시냇가에 물을 길러 가도록 지시를 받았다. 직원은 정확히, 게다가 빨리 2파인트의 물을 길어서 돌아오지 않으면 주인에게 꾸지람을 받는다. 필요한 최소한의 조작은 몇 회일까. '1회의 조작'이란 말을 채우거나 비워 하나의 말에서 다른 말에 옮기는 것을 가리킨다.

(H. E. 듀도니 『퍼즐 걸작집』 문제 94)

해답. 14회

이 문제에서는 시냇물이 제3의 용기로 되어 있다. 물의 양은 얼마든지 있으므로 그래프는 평행사변형이 된다. 그래프를 따라가면 표에 보인 것처럼 조작을 할 수 있다.

역의 수순으로도 할 수 있으므로 2파인트가 먼저 나오는 쪽(이 경우는 실선의 화살표의 방향이고 ⑭에 2가 나타난다)을 취한다. 이것이 답인 14회이다.

*표는 처음으로 나타나는 숫자를 보여 준 것이다. 다만 7, 3, 10, 6, 2는 실선의 화살표의 방향으로, 11, 4, 8, 1, 5, 9는 점선의 화살표의 방향으로 조작을 진행시키기로 한다.

	7	11			7	11	
①	7*	0		⑱	0	9	⑰
②	0	7			7	9*	⑯
③	7	7			5	11	⑮
④	3*	11			5	0	⑭
⑤	3	0			0	5	⑬
⑥	0	3			7	5*	⑫
⑦	7	3			1	11	⑪
⑧	0	10*			1	0	⑩
⑨	7	10			0	1	⑨
⑩	6*	11			7	1*	⑧
⑪	6	0			0	8	⑦
⑫	0	6			7	8*	⑥
⑬	7	6			4	11	⑤
⑭	2*	11			4	0	④
⑮	2	0			0	4	③
⑯	0	2			7	4*	②
⑰	7	2	⑱		0	11*	①

문제 13. 엘리베이터 퍼즐 I

조건은 〈예제 5〉의 경우와 같으므로 반복하지 않는다. 역시 8층 빌딩이고 도중의 멈추는 층을 3개라 한다. 그때 엘리베이터의 필요한 최소 대수는 몇 개일까. 〈예제 5〉를 본떠서 각 엘리베이터의 멈춤의 배치를 그림으로 보여라.

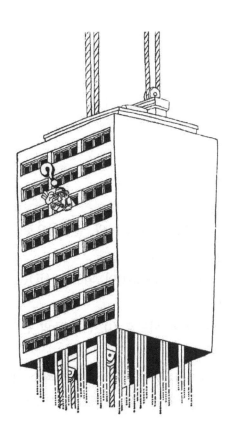

해답. 6대 ▬▬▬▬▬▬▬▬▬▬▬▬▬▬▬▬▬▬▬▬▬

풀이의 일례를 그림으로 나타내면 다음과 같이 된다.

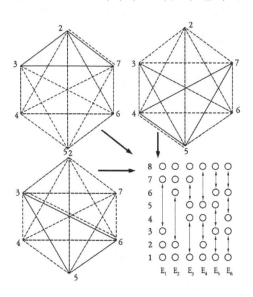

참고 ▬▬▬▬▬▬▬▬▬▬▬▬▬▬▬▬▬▬▬▬▬▬▬▬▬▬▬

'Ⅰ-참고. 필요한 최소대수'의 일반식으로 생각하면 이 경우
는 m=8, p=3을 대입한다.

ⓐ (i) 7 (ii) 2p+2-m=0이 되므로 (ii)는 고려하지 않는다.
   그러므로 n_1=7

ⓑ (i) 5 (ii) 6이 되므로 (i), (ii) 중의 큰 쪽을 취하여 n_2=6
   이라 한다.

이 경우는 6≦n≦7이 되어 필요한 최소 대수는 6대 또는 7
대이다. 그런데 실제 6대의 풀이가 있으므로 이것이 최소 대수
의 풀이다.

문제 14. 엘리베이터 퍼즐 II

9층인 어떤 빌딩의 각 엘리베이터는 4개의 층에서 멈추기로 되어 있다. 어떤 층에서 어떤 층으로도 바꿔 타지 않고 갈 수 있기 위해서는 엘리베이터가 최소 몇 대 필요한가.

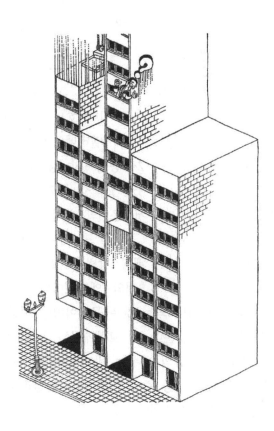

64

해답. 5대

아래 그림의 ①, ②를 포개면 칠각형의 변과 대각선이 모두 덮이게 된다.

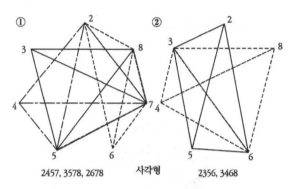

2457, 3578, 2678   사각형   2356, 3468

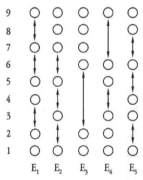

9 8 7 6 5 4 3 2 1
E₁ E₂ E₃ E₄ E₅

즉 이 번호의 층을 멈춤으로 하는 5대의 엘리베이터를 설치하면 된다. 2~8층에서의 중복은 25, 26, 27, 35, 36, 38, 57, 68, 78(25는 2층에서 5층에의 길)의 2중 중복이다.

2개의 층 사이에서 멈춤을 가로의 배열 방법을 그대로 교환해도 되고 2개의 엘리베이터 사이에서 멈춤의 층을 완전히 교환해도 되는 것은 물론이지만 이들은 별개의 풀이라고는 생각하지 않는다. 이 교환에서는 2~8층에서 중복이 2중 또는 3중인 것 등의 개수는 바뀌지 않기 때문이다. 2개의 풀이에서 2중 중복, 3중 중복 등의 개수가 달라져 있으면 별개 종류의 풀이라고 간주할 수 있다.

(별개 종류의 풀이) 2378, 2456, 3468, 3578, 4678도 하나의 풀이지만 이번에는 37, 48, 68이 2중 중복, 38, 46, 78이 3중 중복이 되므로 앞의 풀이와는 별개의 풀이라 할 수 있다.

참고

m층 빌딩의 2층에서 (m-1)층 사이에 어떤 2개의 층 사이에도 중복되는 길이 하나도 없는 것 같은 엘리베이터 퍼즐의 풀이가 존재하는지 아닌지 묻는 문제를 생각할 수 있을 것이다.

이에 대해서는 각 엘리베이터의 멈춤의 개수를 p라 하고 층의 개수 m에서 1층과 m층의 2개를 제외한 층의 개수 m-2를 n으로 나타내면 풀이가 존재하기 위한 필요충분조건은

'p=3 또는 4일 때는 n-1이 p-1로 나누어떨어지고, n(n-1)이 p(p-1)로 나누어떨어진다는 것'이라고 알려져 있다.

예컨대 m=9, p=3인 경우, 또 m=15, p=4인 경우는 이 조건에 적합하고 풀이가 존재한다.

그러나 p≧5인 경우에 대해서는 위와 같은 필요충분조건은 얻어져 있지 않다. 즉 미해결이다.

m=9, p=3인 경우는 다음의 그림과 같은 풀이가 있다.

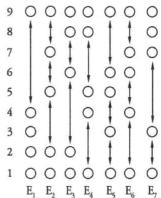

Ⅱ. 어느 숫자를 좋아합니까?

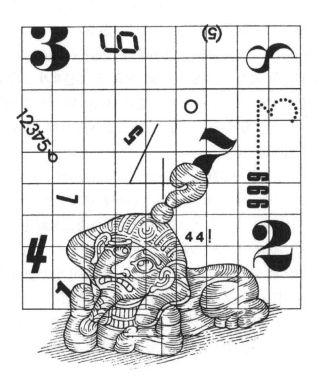

월간지 「스트랜드」

2차 세계대전 전 나는 종종 고베(神戸)에 헌책이나 헌 잡지를 뒤지러 갔다. 당시의 고베는 오사카와는 달리 외국인이 많은 신선한 항구도시라는 느낌이었다. 헌책방에도 양서(洋書)나 영문으로 된 헌 잡지가 많이 있어 나는 『THE STRAND MAGAZINE』(스트랜드)을 발견하고는 이를 사들였다.

영국에서 출판되고 있던 이 월간지는 품위 있는 잡지로서 유명하고 코난 도일이 셜록 홈스를 연재한 것도 이 잡지라고 하면 대충 그 성격을 짐작할 수 있을 것이다.

듀도니는 이 잡지에 1908년부터 「Perplexities」라는 제목 아래 퍼즐을 계속 발표했다. 1회 평균 5, 6문제가 1페이지에 종합되었고 답은 그다음 호에 실렸다. 나는 상당한 권수를 뒤져서 구입한 후 1페이지씩 오려서 1권으로 제본했다. 이것은 지금도 내가 가지고 있다.

이 장에서 소개하는 유명한 복면(覆面)셈 'SEND MORE MONEY'('Ⅱ-예제 10' 참조)는 그 1924년 7월호에 게재되어 있다. 일련번호 708인 이 퍼즐은 가감승제(加減乘除)의 4제로 구성되는('Ⅱ-예제 10' 뒤에 게재) 것의 제1번이다.

대전 후 얼마 안 되어 『스트랜드』를 구하려고 찾아갔더니 폐간되었다는 이야기를 듣고 나는 아연실색하였다.

그러나 복면셈의 마력은 쇠퇴하지 않고 수십 년이 지난 지금도 나에게 "새로운 문제를 만들어라"라고 계속 속삭이고 있다.

예제 6. 삼방진(三方陣)을 만들자

오른쪽 그림과 같은 정사각형 격자의 네모 칸 안에 1에서 9까지의 9개의 숫자 중 하나씩 넣어 가로줄 세로줄 대각선의 합이 모두 같은 수가 되도록 하여라.

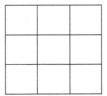

결과는 알고 있는 사람이 많을 것이다. 그러나 여기서는 본질적으로 다른 풀이는 단지 하나라는 것을 확인하는 것이 목적이다. 일반적으로 본질적으로 다른 풀만, 단지 빠뜨림이 없도록 구하는 것은 퍼즐을 풀기 위한 중요한 마음의 준비라 할 수 있다.

그런데 전부의 수의 합은

$$1+2+3+\cdots+7+8+9=45$$

이므로 가로줄, 세로줄 각각의 합은 45÷3=15가 되어야 할 것이다. 게다가 2개의 대각선상의 수의 합도 15가 되도록 하지 않으면 안 된다.

그래서 1에서 9까지 9개의 수에서 3개를 선정하여, 그 합이 15가 되는 것만을 뽑아 쓰는 것이므로 그때 다음과 같이 하는 것도 하나의 궁리이다.

⑴ 3개의 수는 작은 것으로부터 차례로 적는다.

⑵ 최초 제1의 수를 1, 제3의 수를 9라 하여 합이 15가 되도록 제2의 수를 구한다. 그것은 5이다. 5는 1, 9 이외의 숫자이므로 우선 1, 5, 9를 취한다.

⑶ 제3의 수를 8이라 하여 본다. 제2의 수는 6으로 적합하

다. 1, 6, 8을 취한다.

⑷ 다음으로 제3의 수를 7이라 하여 본다. 제2의 수가 7이
돼서 제3의 수와 같으므로 적합하지 않다. 제2의 수가 제3
의 수와 같아지든가, 또는 그것보다 커지면 중지한다.

⑸ 다음은 제1의 수를 2로 하여 위와 마찬가지의 것을 순차
로 시도한다.

이렇게 하여 얻어진 3개의 수의 조는 다음과 같이 된다.

1 5 9	2 4 9	3 4 8	4 5 6
1 6 8	2 5 8	3 5 7	
	2 6 7		

중앙의 네모 칸의 수는 아래의 왼쪽 그림처럼 4방향으로 포
함되어 있다. 그래서 위의 표로부터 5 이외의 것으로는 불가능
하다는 것을 알 수 있다.

마찬가지로 네 모퉁이의 수도 2, 4, 6, 8로 결정된다. 이것을
네 모퉁이의 어디에 넣는지가 문제인데 예컨대 2를 중앙의 그
림처럼 위 왼쪽 모퉁이에 넣는 것을 취하기로 하자(그렇게 하면
2를 위 오른쪽 모퉁이에 넣은 것은 책의 페이지를 오른쪽으로 넘기는
것처럼 뒤집어서 얻어지는 것이거나 90°오른쪽 방향으로 돌려서 얻
어지는 것이다. 그 밖의 모퉁이에 넣은 것도 마찬가지로 뒤집거나 회
전시켜 얻어진다). 8은 자연히 결정된다.

다음으로 4를 2개의 모퉁이 가운데 어느 쪽 모퉁이에 넣는가
인데 뒤집거나 회전시킴으로써 한쪽에서 다른 쪽이 얻어지므로
위 오른쪽 모퉁이에 4를 넣어도 되는 것이다. 나머지는 쉽사리
결정되고 다음과 같이 된다.

2	9	4
7	5	3
6	1	8

이와 같이 3×3개의 네모 칸에 1에서 9까지의 정수를 넣어
가로, 세로, 대각선의 합이 모두 같아지도록 한 것을 삼방진 또
는 3×3(마)방진이라고 한다.

그런데 위의 방진을 보는 방향을 바꾸면 모두 몇 가지의 변
화를 얻을 수 있을까.

하나의 방진이 있으면 보는 방향을 바꾸면 8가지의 것을 만
들 수 있다.

그것을 그림으로 보이면 다음과 같이 된다.

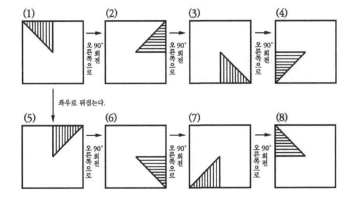

(1)	2 9 4	(2)	6 7 2	(3)	8 1 6	(4)	4 3 8
	7 5 3		1 5 9		3 5 7		9 5 1
	6 1 8		8 3 4		4 9 2		2 7 6
(5)	4 9 2	(6)	8 3 4	(7)	6 1 8	(8)	2 7 6
	3 5 7		1 5 9		7 5 3		9 5 1
	8 1 6		6 7 2		2 9 4		4 3 8

　이 8가지 이외에는 없다. 예컨대 (1)을 1개의 대각선(오른쪽으로 올라가는 대각선)을 축으로 하여 뒤집은 것이 (6)이라는 것처럼 이 안에 반드시 있다.

　이상으로 하나의 삼방진에 대해서 8가지의 변화가 있다는 것을 언급하였는데 기본이 되는 삼방진이 앞 페이지의 그림으로 대표되는 1가지밖에 없으므로 보는 방향을 여러 가지로 바꿔도 위의 (1)~(8)의 8가지가 전부라는 것을 알았을 것이다.

예제 7. 삼각진(三角陣)

그림에서 △ABC, △ADE, △DBF 처럼 3개의 ○을 꼭짓점으로 하는 삼각형이 대, 중, 소 합쳐서 7개 있다(GFE처럼 꼭짓점뿐이고 변이 없는 것은 고려하지 않는다).

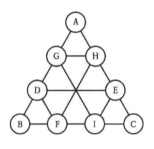

○에 1~9의 9개의 숫자에서 1개씩 넣어서 각 삼각형 꼭짓점의 3수의 합을 모두 같게 하여라.

【힌트】꼭짓점을 공유하지 않는 작은 삼각형이 3개 있는 것으로부터 3수의 합을 알 수 있다.

〔가즈히사 이다카(和久井孝), 아사히신문 일요판 あそび場(놀이터)」〕

작은 삼각형 AGH, DBF, EIC는 공통의 꼭짓점을 갖지 않고 이들 삼각형의 꼭짓점 수의 총합은 1+2+⋯+9=45이고 각 삼각형의 꼭짓점에 있는 3수의 합은 3개 모두 같다는 것으로부터 45÷3=15가 된다.

△ABC의 꼭짓점, 예컨대 A는 3개의 삼각형 AGH, ADE, ABC에 공통의 꼭짓점이므로 A에는 삼방진 중앙의 5 또는 4개 모퉁이의 2, 6, 8, 4의 어느 것인가가 들어간다.

이 2, 4, 6, 8 중에서 합이 15가 되는 3수를 골라내면

{2, 5, 8}, {4, 5, 6}

의 2종이고 어느 쪽으로 해도 그 안에 5가 있다. 그래서 큰 삼각형 ABC의 꼭짓점의 하나에 5가 있어야 할 것이다. 5를 아래 그림처럼 A에 있다고 정해도 일반성을 상실하지 않는다.

대칭성을 생각하면

　　(a) B=2, C=8

　또는 (b) B=4, C=6

이라 정할 수 있다.

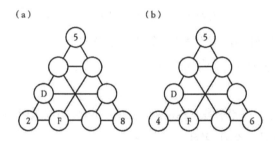

(a)의 경우 삼방진의 세로줄, 가로줄에서 {D, F}는

　　{7, 6} 또는 {9, 4}

가 되고 이들의 경우를 조사하면 다음의 2개의 풀이가 있음을 알 수 있다.

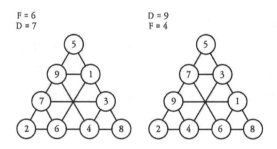

(b)의 경우 (a)의 경우와 마찬가지로 하여 다음에 보인 2개의
풀이가 있다는 것을 알 수 있다.

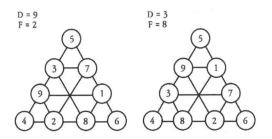

참고

이것으로 풀이는 끝났는데 얻은
결과에서 보면 △ABC의 하나의 꼭
짓점, 예컨대 A는 5이고 그에 대응
하는 변 위의 4개의 수는 어느 것
도 짝수로 되어 있다. 1~9 중의 짝
수는 2, 4, 6, 8의 4개이므로 모든
짝수가 BC 위에 배열되어 있는 것
으로 되어 있다.

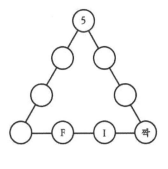

이러한 것을 먼저 알면 풀이를 구하는 것이 쉬워질 것이라고
가즈히사 이다카 씨는 생각하고 있다. 나는 위의 (a), (b)가 얻어
진 시점에서 다음과 같이 생각하였다.

"(a), (b) 어느 경우에도 변 BC의 양 끝은 모두 짝수라는 것은
알고 있으므로 F, I 중에 1개라도 홀수가 있다면 불합리가 일어
나는 것을 보여 주면 된다"라고.

삼각형의 세 꼭짓점 수의 합은 15로서 홀수이므로 3개 수의

홀짝은 홀수가 1개 또는 3개가 아니면 안 된다. 이러한 것으로부터 다음과 같이 그 밖의 꼭짓점의 홀짝이 결정된다.

① 변 BC상에 홀수가 1개 있다고 하면

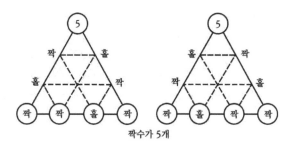

짝수가 5개

② 변 BC상에 홀수가 2개 있다고 하면

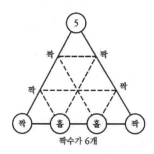

짝수가 6개

가 되어 "짝수가 4개"라는 것에 모순된다. 그래서 변 BC상에는 홀수는 없다. 그러면 이상의 것을 사용해서 (a), (b)의 ○ 안에 수를 보충해서 문제를 풀어 보기 바란다.

예제 8. 정팔면체형 주사위를 만들자

주사위는 보통 정육면체이지만 정팔면체의 것을 만들어 보았다. 정팔면체에는 8개의 정삼각형의 면이 있고 어느 꼭짓점에도 4개의 면이 모여 있다.

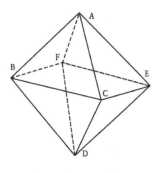

8개의 면에 1에서 8까지의 8개의 숫자에서 하나씩 적어 넣어 어느 꼭짓점에 대해서 보아도 모여 있는 4개 면의 수의 합이 같아지도록 하려는 것이다.

이러한 주사위를 여기서는 단순히 정팔면체의 주사위라 부르기로 한다.

보는 방향만 바뀐 것을 별개의 것이라 생각하지 않기로 하면 몇 가지의 상이한 풀이를 얻을 수 있을까?

이러한 입체에 대해서 위와 같은 겨냥도 그대로 생각하는 것은 알기 어려우므로 이것을 1평면상에 표기하는 궁리가 되어 있다.

여기서는 크기나 형태는 문제로 하지 않고 면의 접속관계만을 조사하는 것이므로 이 면을 축소하거나 확대해도 지장이 없는 것이다. 그래서 각 면에 ⓐ에서 ⓗ까지의 표식을 붙여 두고 1개의 면을 제외한 다른 면이 모두 보이도록 하면 아래의 한가운데의 그림처럼 된다. 각 면은 오른쪽 그림처럼 3개의 원이

78

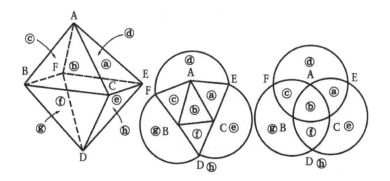

서로 교차하여 만들어지는 7개의 영역과 그 그림의 바깥쪽으로 표시되는 것을 알 수 있을 것이다.

그런데 꼭짓점 C에 모이는 4개 면의 수의 합과 꼭짓점 F에 모이는 4개 면의 수의 합 총계는

1+2+⋯+7+8=36

이므로 각 꼭짓점에 모이는 면 수의 합이 같은 수가 되기 위해서는 그 4수의 합이 36÷2=18이 되는 것이 필요해진다. 그래서 문제는 ⓐ~ⓖ의 각 영역에 1에서 7까지의 수를 넣어 어느 원 안의 수의 합도 18로 한다는 것이 되고 이것이 가능한 것이 풀이가 있기 위해 필요하다.

1에서 7까지 7개의 수에서 4개의 수를 선정하여 그 합이 18이 되는 것은 다음의 4조이다.

{1, 4, 6, 7}, {2, 3, 6, 7},

{2, 4, 5, 7}, {3, 4, 5, 6}

이것에서 공통의 수(중앙에 들어가는 것)를 포함하는 3조

(1)	1, 4, 6, 7	(2)	1, 4, 6, 7	(3)	1, 4, 6, 7
	2, 3, 6, 7		2, 3, 6, 7		2, 4, 5, 7
	2, 4, 5, 7		3, 4, 5, 6		3, 4, 5, 6
	(7이 공통)		(6이 공통)		(4가 공통)

가 얻어지고 그 각각에서 1개씩 합쳐서 다음 3개의 경우가 얻어진다.

그림의 외부, 즉 정팔면체의 아래의 면에 8을 넣으면 아래의 면까지 포함하여 각 꼭짓점에 모이는 4개 면의 수의 합이 모두 18이 되는 것을 이것으로 알게 되었을 것이다.

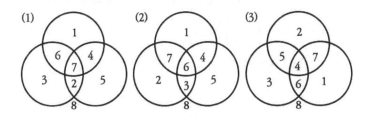

아래의 면의 8을 넣으면 위 3개의 원의 그림을 좌우로 뒤집은 것(아래의 그림)으로부터도 별개의 풀이를 얻을 수 있다.

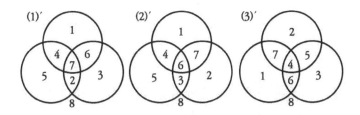

이상을 종합하면 풀이는 (1)~(3), (1)′~(3)′의 합계 6개가 된다.

예제 9. 정육면체의 주합진

정육면체 ABCD-EFGH의 8개의 꼭짓점 A, B, C, ⋯, G, H 에 1에서 8까지의 8개의 숫자에서 하나씩 적어 넣어 어느 면의 정사각형에서도 그 꼭짓점 수의 합이 일정해지도록 한 것을 정육면체의 주합진(周合陣)이라 부른다. 정육면체의 주합진을 만들어 보자.

【힌트】 정육면체의 주합진 각 면의 꼭짓점에 있는 수의 합은

$$(1+2+3+\cdots+7+8) \times \left(\frac{1}{2}\right) = 18$$

이라는 것은 명백하다.

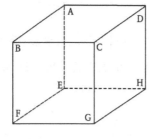 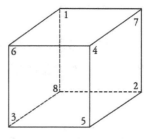

1~8의 8개 수에서 선정한 4개 수의 합이 18이 되는 것을 모두 구하면 다음의 8조가 된다.

(1) {1, 2, 7, 8} (2) {1, 3, 6, 8}

(3) {1, 4, 5, 8} (4) {1, 4, 6, 7}

(5) {3, 4, 5, 6}   (6) {2, 4, 5, 7}

(7) {2, 3, 6, 7}   (8) {2, 3, 5, 8}

1개 면의 4개의 꼭짓점은 이들 (1)~(8)의 어떤 배열 방법이 된다. 예컨대 (1)에 대해서 말하면 꼭짓점 숫자의 배열 방법은 원순열(圓順列)이므로

(1, 2, 7, 8), (1, 2, 8, 7), (1, 7, 2, 8)

(1, 7, 8 ,2), (1, 8, 2, 7), (1, 8, 7, 2)

의 6가지를 생각할 수 있다. (2)~(8)의 각각에 대해서도 마찬가지의 것이 성립한다.

그런데 1개의 변은 2개의 면에, 게다가 2개의 면에만 공통이므로 1개 변의 양 끝이 되는 2수는 (1)~(8) 중 2개 이상에 포함되어 있지 않으면 안 된다. 이와 같이 하여 주합진이 되는 가능성이 있는 1개 면의 4꼭짓점의 수를 찾아낸다.

다시 (1)에 대해서 말하면 (1, 2, 7, 8)에서는 1개 변의 양 끝이 되어야 할 2수 {1, 2}나 {7, 8}이 (1)~(8) 중 1개 이외에는 없으므로 적합하지 않음을 알 수 있다. (1, 2, 8, 7)도 마찬가지이다. (1, 7, 2, 8)에서는 1개 변의 양 끝이 되어야 할 2수 {1, 7}, {7, 2}, {2, 8}, {8, 1}은 (1)~(8) 중 2개에 포함되므로 가능성이 있다. {8, 1}은 3개에 포함되어 있으나 그 가운데 2개를 취하는 것으로 하면 된다.

실제 다음 2개의 풀이를 얻을 수 있다.

82

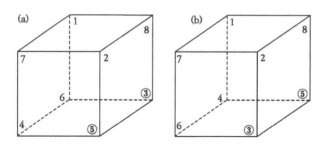

○표를 붙인 수는 다른 숫자를 넣은 후 한 가지로 결정되는
것이다.

(1, 7, 8, 2), (1, 8, 7, 2)는 적합하지 않고 (1, 8, 2 ,7)은
가능성이 있다. 그리고 다음 2개의 풀이를 얻을 수 있다.

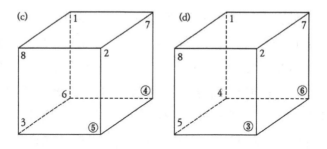

(2)의 (1, 3, 6, 8), (1, 3, 8, 6), (1, 6, 8, 3)은 {6, 8}을 포
함하는 것이 (1)~(8) 중에 1개밖에 없으므로 적합하지 않고 (1,
6, 3, 8)은 가능성이 있다는 것과 그리고 다음 2개의 풀이가
있다는 것을 알 수 있다. 그러나 아래 그림의 왼쪽은 이미 나온
(c)와 본질적으로 같으므로 버린다. (e)는 적합한 것이 된다.

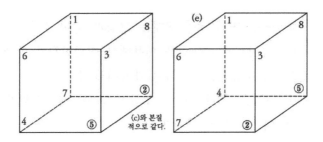

(1, 8, 6, 3)은 {6, 8}을 포함하는 것이 (1)~(8) 중에 1개밖에 없으므로 적합하지 않고 (1, 8, 3, 6)은 가능성이 있음을 알 수 있고 역시 다음 2개의 풀이를 얻을 수 있다. 그러나 한쪽은 (a)와 본질적으로 같아 풀이는 (f)뿐이다.

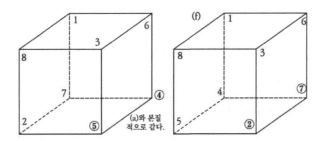

위와 마찬가지로 조사하여 (3) 이하에 대해서는 새로이 적합한 것이 생기지 않음을 확인할 수 있다. 이상을 종합하면 풀이는 (a)~(f)의 합계 6개가 된다.

그래서 다음의 결론으로 유도된다.

정팔면체 면의 중심 8개는 그림과 같이 1개의 정육면체 8개의 꼭짓점에 해당함을 이용해서 정팔면체의 주사위와 정육면체의 주합진을 1대 1로 대응시킬 수 있다.

이 그림은 정육면체의 주합진 ⒜와 정팔면체의 주사위 ⑶′의 대응을 보인 것이다.

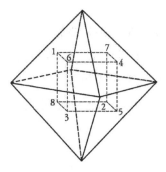

기타에 대해서도 대응을 보이면 다음과 같이 된다.

⑴ — ⒡, ⑵ — ⒟, ⑶ — ⒞

⑴′— ⒠, ⑵′— ⒝, ⑶′— ⒜

정팔면체의 주사위와 정육면체의 주합진에서는 한쪽이 가능하면 대응하는 다른 쪽이 바로 얻어진다는 것이 일목요연하다.

예제 10. SEND MORE MONEY

만드는 재미라 하면 잊을 수 없는 또 하나의 퍼즐에 '벌레 먹은 셈(蟲食算)', '복면셈(覆面算)'이 있다.

계산식의 일부 또는 전부의 숫자를 빠뜨리고 적혀 있는 것이 있고 그 부분의 숫자를 추리에 의해서 보충하여 그 계산을 복원하는 놀이를 '벌레 먹은 셈'이라 한다.

이에 반해서 계산식의 전부 또는 일부의 숫자가 문자 등으로 교체된 것이 있다. 하나의 계산식 안에서는 같은 숫자는 같은 문자로, 다른 숫자는 다른 문자로 교체되어 있는 것으로 한다. 그래서 복면(覆面)의 문자에 적당한 숫자를 하나씩 바꿔 놓아 원래의 계산으로 복원시키는 것이다. 즉 복면을 제거한다는 것으로 이러한 놀이를 '복면셈'이라 부른다. 그래서 복면셈을 풀려면 같은 문자에는 같은 숫자를, 다른 문자에는 다른 숫자를 바꿔 놓지 않으면 안 된다.

복면셈이라 하면 바로 생각나는 것이 뭐니 뭐니 해도

①
```
  SEND
+ MORE
-------
 MONEY
```
(돈을 더 보내라)

일 것이다. 이것은 M=1, O=0이라는 것을 우선 알고 나머지는 시행착오에 의해서 풀이가 한 가지로 결정된다. O가 0이 된다는 것도 멋지다(다른 문제에서는 O가 반드시 0이라 할 수 없다).

복면셈을 만드는 방법은 여러 가지지만

SEND MORE MONEY

와 같이 의미가 있는 말을 먼저 가져와서 그것으로 만든 연산이 성립하도록 숫자의 할당이 가능한지 아닌지를 조사한다. 그리고 다행히도 해답이 발견되었다, 라는 것은 나의 상상인데 그 후에 나타난 다음의 ②, ③은 이 사고 방법으로 얻은 것이다. 유감스럽게도 이들은 풀이가 한 가지로 결정되지 않는다.

②
SAVE
+ MORE
———
MONEY
(돈을 더 저축하여라)

③
SEND
MORE
+ MORE
———
MONEY
(돈을 더욱 더 보내라)

이 방법에는 만드는 즐거움 속에 또 하나, 푸는 즐거움—자릿수의 관계나 문자의 종류가 10종 이내라는 것 등으로 성립 가능성이 있는 것을 선정해서 문제를 낸 생각으로 풀어 본다—이 포함되어 있다.

서론이 길어졌는데 ①, ②, ③을 풀어 보기 바란다. 최고 자리의 문자는 0이 아니라는 규칙이다.

---

① 9567
+ 1085
———
10652

② 9376
+ 1086
———
10462

9476
+ 1086
———
10562

십의 자리의 7과 8을 교체한 것도 풀이가 된다.

③ 8243
1092
+ 1092
———
10427

8673
1046
+ 1046
———
10765

9830
1278
+ 1278
———
12386

듀도니는 말의 복면셈에서 때로는 다소의 별해(別解)가 나오는 일이 있으나 이것은 부득이할 것이라고 말하고 있다. 그러나 ②, ③처럼 풀이가 한 가지로 결정되지 않는 것은 벌레 먹은 셈에서도 복면셈에서도 달가워하지 않는다. 이것은 안이한 출제를 억제한다는 것도 이유의 하나지만 풀이 중의 어느 것을 취해도 처음의 계산의 복원이라 단정할 수 없게 되기 때문이기도 하다.

참고

벌레 먹은 셈, 복면셈에 대해서는 다카키 시게오(高木茂男), 니시야마 데루오(西山輝夫), 나카무라 기사쿠(中村義作), 아리사와 마코토(有澤誠) 지음 『퍼즐 4중주α』(1980, 사이언스사)의 「벌레 먹은 셈의 수리」, 「복면셈의 예술」을 참조하기 바란다.

또 말의 복면셈을 만드는 방법에 대해서는 다카키 시게오 지음 『수학 유원지(數學遊園地)』(1976, 고단샤)에 상세히 있다.

88

복면셈 No.708의 4제
듀도니의 복면셈을 소개한다.

ADDITION is an imposition.
(덧셈은 부담스럽다)

```
  S E N D
  M O R E
M O N E Y
```

SUBTRACTION is as bad;
(뺄셈도 마찬가지로 부담스럽다)

```
E I G H T
  F I V E
  F O U R
```

MULTIPLICATION is vexation,
(곱셈은 고민의 씨앗이다)

```
    T W O
    T W O
T H R E E
```

DIVISION drives me mad.
(나눗셈은 나를 미치게 만든다)

```
TWO ) S E V E N ( TWO
        B O B
        J O E
        O V V
          V E S N
          V E S N
```

The Strand Magazine
(1924년 7월호에서)

(답은 'II-문제 25' 해답에)

문제 15. 콩알 건지기

그림과 같이 9개의 되에 1개, 2개, 3개, …, 8개, 9개의 콩이
들어가 있다. 스푼으로 콩을 되에서 되로 바꿔 옮겨서 가로 세
로 비낌의 어느 3개의 되도 그 콩의 합계가 같아지도록 하려고
한다. 또한 어떤 2개 되의 콩의 수도 같아지지 않도록 하기 바
란다. 스푼은 한 번에 몇 개의 콩이라도 건질 수 있으나 1개의
되에서 2개의 되에 옮겨 넣거나 2개의 되에서 1개의 되에 옮겨
넣을 수는 없다. 스푼을 사용하는 횟수를 가급적 적게 하려면
어떻게 바꿔 옮기면 좋을까.

[이 퍼즐은 도바시 소사쿠(土橋創作),
아사히신문 일요판 「퍼즐 코너」의 아이디어에 힘입었다.]

해답. 3회로 바꿔 옮길 수 있다 ▬▬▬

되에 ⓐ에서 ①까지의 기호를 붙이면 다음과 같이 된다.

① ① $\xrightarrow{6개}$ ⓐ

② ⓖ $\xrightarrow{3개}$ ⓕ

③ ⓔ $\xrightarrow{4개}$ ⓖ

1개의 되에서 넣는 조작과 꺼내는 조작이 있으면 꺼내는 쪽을 먼저 한다. 룰에 반하는 염려가 없는 것 같다.

(별해) ① ① $\xrightarrow{6개}$ ⓐ   ② ⓕ $\xrightarrow{1개}$ ⓖ   ③ ⓔ $\xrightarrow{4개}$ ⓕ

▬▬▬▬▬▬▬▬▬▬▬▬▬▬▬▬▬▬▬▬▬▬

이 해답을 유도해 내는 사고 방법이 재미있다. 예컨대 〈예제 6〉 8가지 방향의 삼방진 중 어떤 것을 취하면 바꿔 옮기는 횟수가 가장 적어도 되는지가 문제가 된다. 예컨대 〈예제 6〉의 (1)을 취해서 첫째 줄, 둘째 줄, 셋째 줄의 차례로 1열로 배열하면 다음과 같이 된다. ○표는 이미 일치하고 있어 이동시키지 않아도 되는 부분이다.

화살표로 나타내어 보인 수만큼 콩을 옮기면 되므로 4회의 바꿔 옮김으로 가능함을 알 수 있다.

목적하는 배열방법(1)   ② 9 ④ 7 5 3 6 1 ⑧

ⓐ ~ ① 의 배열방법   ② 3 ④ 1 9 6 5 7 ⑧

방진의 방향 (2)~(8)에 대해서 마찬가지로 조사해 보면 (6)에서는 3회로 끝나는 것을 알 수 있고 위에 보인 수순을 찾아낼 수 있다는 것이다.

문제 16. 진주공방에서

많은 진주알을 4개의 등급으로 나눠서 각각 4개의 용기 A, B, C, D에 넣었다. 이들 용기 속 진주의 수는

- A와 B를 합치면 C의 2배
- B와 D를 합치면 A의 2배
- B 중 7개를 격상시켜 A에 넣으면 A는 B의 2배가 된다.

그런데 4개의 용기 중에 54개 든 용기가 1개 있는데 그것은 어느 것일까. 올바른 추리로 풀기 바란다.

(가즈히사 이다카, 아사히신문 일요판 「あそび場」)

92

해답. C의 용기에 54개 들어가 있다 ━━━━━━

A, B, C, D 속의 진주의 개수를 각각 x, y, z, w라 하면

$x+y=2z$ ············ (1)

$y+w=2x$ ········· (2)

$x+7=2(y-7)$ ······ (3)

(3)으로부터 $x+7$은 짝수, 그래서 x와 홀수의 합이 짝수가 되려면 x는 홀수가 아니면 안 되고 54개 들어가 있는 용기는 A는 아니라는 것이 된다.

x가 홀수라면 (1)로부터 위와 마찬가지로 y가 홀수가 아니면 안 된다. 즉 B는 홀수인 것이 필요하므로 답은 B도 아니다. 또 y가 홀수라면 (2)로부터 w, 즉 D는 홀수가 아니면 안 된다. 54개 들어가 있는 용기는 D도 아니다.

그래서 54개 들어간 용기가 있다면 그것은 C가 아니면 안된다는 것이 된다.

그러나 바로 C가 54개 들어가 있는 용기라고는 말할 수 없다.

그래서 z=54라 하면

(1)로부터 $x+y=108$, (3)으로부터 $x-2y=-21$

이것으로부터 $x=65$, y=43

(2)로부터 w=130-43=87

이 돼서 문제에 적합함을 알 수 있다.

(주) "4개의 용기 중에 54개 들어간 용기가 1개 있다"의 54개를 34개라 바꾸면 "34개 들어간 용기가 있다면 그것은 C가 아니면 안 된다"라고 말할 수 있는 것은 위와 마찬가지로 하여 알 수 있으나 A, B, D 중에 양의 정수가 아닌 것도 나오므로 이러한 일은 있을 수 없다는 것이 정해이다.

문제 17. 용돈을 나누는 방법

할아버지가 3명의 손자에게 용돈을 주려고 15개의 주머니에 100원짜리 주화를 각각 1개, 2개, 3개, …, 15개 넣어서 준비하였다.

이것을 주머니에 넣은 그대로 다섯 주머니씩으로 노느몫이 모두 같아지도록 하고 싶다는 생각이 들었다. 할아버지를 위해서 알기 쉬운 나누는 방법을 가르쳐 드리기 바란다.

해답. 일부에 삼방진을 이용하면 여러 가지 풀이가 얻어진다

3명의 손자를 A, B, C라 한다.

A	B	C
2	9	4
7	5	3
6	1	8
10	11	12
15	14	13

표는 그 나누는 방법의 일례인데 위의 세 줄을 취하면 삼방진으로 되어 있어 어느 세로줄(가로줄)의 합도 같아진다. 여기에 10에서 15까지의 정수를 ㄱ의 형태로 차례로 배열하면 A, B, C의 합계가 모두 같아지는 것이다.

물론 삼방진의 방향을 어떻게 두어도 또 가로줄과 가로줄, 세로줄과 세로줄 사이에서 교환을 해도 되므로 몇 가지라도 풀이를 얻을 수 있다. 그러한 까닭으로 다음의 (a), (b)도 풀이인데 그렇다면 어떻게 해서 만든 것일까?

(a)

A	B	C
1	2	3
5	12	7
10	8	6
9	4	11
15	14	13

(b)

A	B	C
1	2	3
6	5	4
8	15	10
13	11	9
12	7	14

문제 18. 숫자 배열하기

(1) 그림은 1에서 6까지의 6개의 숫자에서 1개씩 넣어서 각
변의 합이 같아지도록 한 것으로 각 변의 합이 9로 되어
있다. 숫자를 바꿔 배열해서 각 변의 합이 같고 가장 큰
숫자의 것으로 고치기 바란다.

(2) 1에서 7까지의 7개의 숫자에서 1개씩 넣어서 3개의 큰
정사각형 안의 수의 합이 같아지도록 하기 바란다.

(3) 각 영역 A, B, C, D, E 안에 1에서 5까지의 5개의 숫자
에서 1개씩 넣어 어느 원 속의 합도 같아지도록 하기 바
란다. 그 합을 가급적 크게 하려고 한다.

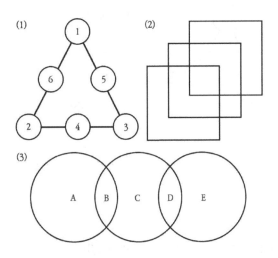

해답

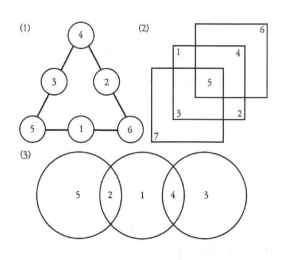

(1) (2) (3)

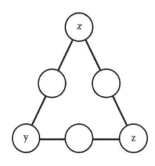

(1)의 경우 각 변의 합을 m이라 하면 왼쪽 그림에서

$$1+2+3+\cdots+6+x+y+z=3m$$

이므로

$$x+y+z=3m-21$$

또

$$x+y+z\leqq4+5+6$$

즉

$$x+y+z\leqq15$$

가 아니면 안 되는 것이 실마리가 된다.

문제 19. 사이를 주선하는 숫자

(1) 3개와 원이 그림처럼 서로 교차하여 A~G의 7개의 영역이
만들어져 있다. 1에서 7까지의 7개의 숫자에서 1개씩 대
응시켜 어느 원 안의 수의 합도 같아지도록 하기 바란다.
〈예제 8〉의 풀이 그림에서 8을 제외하면 하나의 풀이를
얻을 수 있으므로 풀이가 있다는 것은 확실하다. 그래서
각 원 안의 수의 합이 가급적 작은 것과 가급적 큰 것을
구하기 바란다.

(2) 5개의 원이 그림처럼 배열되어 A~I의 9개의 영역이 만들
어져 있다. 1에서 9까지의 9개의 숫자에서 1개씩 대응시
켜 어느 원 안의 수의 합도 같아지도록 하기 바란다.

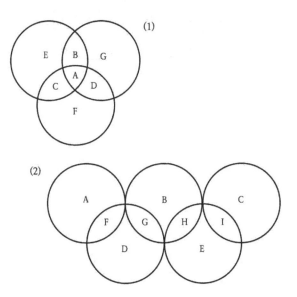

98

해답

(1)

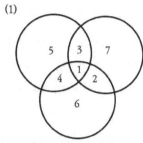

원 안의 합이 최소의 것 (합13)

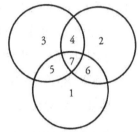

원 안의 합이 최대의 것 (합19)

(2) 풀이는 다음의 1가지

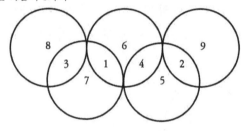

문제 20. 시간은 돈이 아니다(?)

다음의 복면셈을 풀어라. 각 수의 최고 자리 □는 0이 아니라는 것 이외에 □에 대응시키는 숫자에 제한은 없다.

```
      M O N -
  ×     E Y
  ─────────────
      □ □ □
    □ □ □
  ─────────────
    T I M E
```

필자는 곱셈의 식 TIME × IS = MONEY

가 성립하면 재미있겠구나 생각하였다. 그러나 유감스럽게도 아주 약간의 차이가 생겨 성립하지 않았다.

그래서

TIME = MON · EY

는 어떠할까 생각하였다. 이번에는 실은 4가지의 다른 풀이가 있다는 것을 알았다.

그래서 또 위와 같이 연산의 식의 형태로 하여 풀이가 한 가지로 결정되도록 한 것이다.

자, 도전해 보기 바란다.

100

해답

```
      1 5 9
    ×   4 6
    ─────────
      9 5 4
    6 3 6
    ─────────
    7 3 1 4
```

다른 3가지의 경우는 세 번째 줄이 모두 네 자리의 수가 되므로 문제의 답으로는 되지 않는다.

이것은 '벌레 먹은 셈'을 포함하는 복면셈인데 이 연산의 형태로 함으로써 풀이가 한 가지로 되도록 할 수 있다는 것을 '벌레 먹은 셈', '복면셈'에 대한 연구가의 한 사람인 마루오 마나부(丸尾學) 씨로부터 배웠다.

문제 21. 37의 기적

"같은 숫자가 3개 늘어선 정수를 적어
라." (예컨대 888)

$$
\begin{array}{r}
888 \\
-\,135 \\
\hline
753
\end{array}
$$ ①

"그 수에서 어떤 세 자리의 수 ①을
빼서 세 자리의 수가 남도록 하여라."

"그 답에서 또 어떤 세 자리의 수 ②
를 빼서 세 자리 수가 남도록 하여라."

$$
\begin{array}{r}
753 \\
-\,345 \\
\hline
408
\end{array}
$$ ②
③

"처음에 뺀 수, 두 번째에 뺀 수, 나
머지의 수를 배열해서 아홉 자리의 수를
만들어라." (135345408)

그대로 되었다.

내막을 밝혀라.

해답. 그 수는 반드시 37의 배수가 된다 ━━━━━━━

처음의 3개의 같은 숫자를 N이라 하면 처음의 수는 111N이라 나타낼 수 있다.

또 처음에 뺀 수, 두 번째에 뺀 수, 나머지의 수를 각각 A, B, C라 하면 이것을 배열하여 만든 아홉 자리의 수

  세 자리   세 자리   세 자리
   (A)   (B)   (C)

는 $10^6 \times A + 10^3 \times B + C$로 나타낼 수 있다.

10^6 = 999999+1 = 37의 배수+1

10^3 =   999+1 = 37의 배수+1

이므로 이 아홉 자리의 수는

$10^6 \times A + 10^3 \times B + C$

  =(37의 배수)$\times$A+A+(37의 배수)$\times$B+B+C

  =37의 배수+A+B+C

  =37의 배수+111$\times$N

  =37의 배수+37$\times$3$\times$N

  =37의 배수

가 되는 것이다.

문제 22. 팔 빠진 사람과 이 빠진 사람의 숫자의 고리

---

　0 1 2 3 4 5 6 7 9를 0에서 9까지의 팔[腕] 빠진 사람의 숫자라 한다. 8(팔)이 없기 때문이다.

　그림처럼 팔 빠진 사람의 숫자 고리를 만들어 보았다.

　이 고리 안에서 숫자를 어느 쪽으로도 차례로 돌릴 수 있다. 예컨대 0, 1, 2를 9 쪽으로 돌려서 화살표 방향으로

　3 4 5 6 7 9 0 1 2

라 바꿔 배열하였다고 한다. 이 수는 37로 나누어떨어진다.

　거듭 재미있는 것은 어떤 숫자로부터 화살표 방향으로 아홉 자리의 수를 만들어도 모두 37로 나누어떨어진다.

　이러한 것은 이(齒, 2) 빠진 사람의 숫자

　0 1 3 4 5 6 7 8 9

에 대해서도 성립한다.

　그래서 문제가 되는데 이 밖에도 0에서 9까지의 숫자 안에서 1개의 숫자를 빼내서 위와 마찬가지의 것이 성립되는 것이 있다는 것을 알았다. 그것을 찾아내기 바란다.

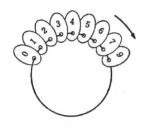

해답. 0 1 2 3 4 6 7 8 9 ▬▬▬▬▬▬

이것을 찾아내려면 다음 성질에 착안해 수고를 덜 수 있다.

(1) 네 자리 이상의 수가 37로 나누어떨어지는지 아닌지의 판정을 다음과 같이 할 수 있다.

네 자리 이상의 수를 오른쪽으로부터 세 자리씩 끊어서, 예컨대

3 4 5 | 6 7 9 | 0 1 2

처럼 하여 이 3개의 세 자리 수를 더하면 1036이 된다. 이것이
37로 나누어떨어지면 원래의 수가 37로 나누어

$$\begin{array}{r} 3\ 4\ 5 \\ 6\ 7\ 9 \\ +\ 0\ 1\ 2 \\ \hline 1\ 0\ 3\ 6 \end{array}$$

떨어지고 이것이 37로 나누어떨어지지 않으면
원래의 수는 37로 나누어떨어지지 않는다. 또한
1036은 네 자리 이상이므로, 또

1 | 0 3 6

$$\begin{array}{r} 1 \\ +\ 0\ 3\ 6 \\ \hline 0\ 3\ 7 \end{array}$$

으로 하여 마찬가지의 것을 하면 037이 되고
이것은 37을 말하는 것으로서 37의 배수이므로
1036은 37로 나누어떨어짐을 알 수 있다. 따라서 처음의 수는
37로 나누어떨어진다.

(2) 37로 나누어떨어지는 아홉 자리의 정수는 그 순서의 숫자
의 고리를 만들면 위의 예처럼 어떤 숫자로부터 시작해도 그
아홉 자리의 수는 반드시 37로 나누어떨어진다.

(1), (2)의 성질을 사용해서 0에서 9까지의 숫자에서 1개를 빼
낸 아홉 자리 수의 각각에 대해서 37로 나누어떨어지는지 어떤
지를 조사해서 나누어떨어지는 것을 찾아내면 된다.

(주) (2)의 증명은 『퍼즐과 수학』 I 참조

문제 23. 잇단 3개의 홀수

홀수를 작은 쪽으로부터 차례로

1, 3, 5, 7, 9, 11, 13, 15, 17, ……

처럼 배열할 때 잇달아 나타나는 3개의 홀수, 예컨대 3, 5, 7
은 3개 모두 소수이다. 그런데 5, 7, 9가 되면 9는 소수가 아
니다. 또 23, 25, 27에서는 소수가 아닌 것이 2개가 있다. 그
러한 잇단 3개의 홀수가 모두 소수가 아닌 것이 있을까. 가급
적 작은 것을 찾기 바란다.

예컨대,

$2 \cdot 3 \cdot 5 \cdot 7 + 3 = 213$

$2 \cdot 3 \cdot 5 \cdot 7 + 5 = 215$

$2 \cdot 3 \cdot 5 \cdot 7 + 7 = 217$

은 확실히 잇단 3개의 홀수이고 각각 1보다 크고 자기 자신이
아닌 수 3, 5, 7로 나누어떨어지므로 어느 것도 소수가 아니다.
그래서 존재하는 것은 확실하다. 그러나 이것이 최소는 아니다.

106

해답. 91, 93, 95

(91=7×13, 93=3×31, 95=5×19)

존재한다는 것을 알았기 때문에 1, 3, 5, …라 차례로 홀수를 나란히 적어서 조사한다. 늦어도 217까지는 결말이 난다는 것을 알고 있다는 것으로 용기백배가 된다. 참고로 말하면 잇단 4개의 홀수가 모두 소수가 아닌 것에는 다음과 같은 예가 있다.

```
115,  117,  119,  121
      117,  119,  121,  123
            119,  121,  123,  125
141,  143,  145,  147
183,  185,  187,  189
201,  203,  205,  207
      203,  205,  207,  209
213,  215,  217,  219
      215,  217,  219,  221
243,  245,  247,  249
```

위의 예에서 잇단 5개의 홀수가 모두 소수가 아닌 것의 예도 바로 발견될 것이다. 다음의 것 등이 그것이다.

```
115,  117,  119,  121,  123
      117,  119,  121,  123,  125
201,  203,  205,  207,  209
213,  215,  217,  219,  221
```

실은 다음과 같이 잇단 n개의 홀수가 모두 소수가 아닌 것이 반드시 존재한다.

$$2 \cdot 3 \cdot 5 \cdot 7 \cdot \ \cdots\cdots\ \cdot (2n+1)+3$$
$$2 \cdot 3 \cdot 5 \cdot 7 \cdot \ \cdots\cdots\ \cdot (2n+1)+5$$
$$2 \cdot 3 \cdot 5 \cdot 7 \cdot \ \cdots\cdots\ \cdot (2n+1)+7$$
$$\cdots\cdots\cdots\cdots\cdots\cdots\cdots\cdots\cdots$$
$$2 \cdot 3 \cdot 5 \cdot 7 \cdot \ \cdots\cdots\ \cdot (2n+1)+(2n+1)$$

$\Big\}$ n개가 모두 소수가 아니다.

문제 24. 홀수만의 제곱수

홀수의 숫자만으로 만들어져 있는 제곱수(정수의 2제곱으로 되어 있는 수)가 있을까.

$$1=1^2, \ 9=3^2$$

은 그 예이므로 답은 "네"이다. 1, 9 이외에 있을까.

108

해답. 없다 ━━━━━━━━━━━

두 자리 이상의 정수의 일의 자리 수를 a, 일의 자리 수를 제외한 수를 b라 하면 이 정수는 10b+a로 나타낼 수 있다. 이 정수의 제곱은

$(10b+a)^2=100b^2+2ab\times10+a^2$이다.

	십의 자리	일의 자리
$100b^2$	0	0
$2ab\times10$	x	0
a^2	z	y

라 하면 x는 짝수 2ab의 일의 자리이므로 반드시 짝수가 된다. a가 짝수(0을 포함한다)라면 a^2은

0^2=00, 2^2=04, 4^2=16, 6^2=36, 8^2=64

이고, y는 짝수(0을 포함)가 되어, 홀수의 숫자만이라는 조건에 맞지 않는다.

a가 홀수라면 a^2은

1^2=01, 3^2=09, 5^2=25, 7^2=49, 9^2=81

이고, y는 홀수이지만 z는 짝수(0을 포함한다)가 된다.

십의 자리는 $x+z$(짝수+짝수, 즉 짝수)의 일의 자리 수이므로 짝수(0을 포함한다)가 돼서 홀수의 숫자만이 아닌 것으로 돼 버린다. 한 자리 수의 제곱(1^2, 3^2을 제외한다)도 일의 자리 또는 십의 자리에 짝수의 숫자가 나타난다.

이에 따라서 홀수의 숫자만으로 만들어진 제곱수는 1, 9 이외에는 없다고 할 수 있다.

문제 25. 짝수만의 제곱수

　일의 자리 숫자가 0이 아닌 제곱수이고 짝수의 숫자만으로 만들어진 것이 있는가. 있다고 하면 그 수의 일의 자리 숫자는 언제라도 같은 숫자가 되어야 할 것이다. 그 숫자는 어떤 것일까. 또 그렇게 된다는 것을 증명하여라.

해답. 4

(증명) 앞 문제의 풀이에서 a가 짝수일 때 a^2의 십의 자리 숫자 z도 짝수가 되는 것은 a=2 또는 a=8일 때이고 그때에만 십의 자리와 일의 자리가 양쪽 모두 짝수가 됨을 알 수 있다. 즉 짝수의 숫자만으로 만들어진 제곱수가 있으면 일의 자리 숫자는 4가 된다.

예)　 $64 = 8^2$

$484 = 22^2$

$8464 = 92^2$

No. 708의 해답

덧셈(SEND MORE MONEY)의 답은 'II-예제 10'의 정답 부분에 있다. 나머지 3제의 해답을 보여 주자.

Subtraction	Multiplication	Division

```
 Subtraction        Multiplication              Division
                                      237 ) 5 6 1 6 9 ( 237
                                            4 7 4
  1 2 7 8 0              1 3 8               ̄ ̄ ̄ ̄ ̄
    6 2 3 1              1 3 8                 8 7 6
  ─────────            ─────────               7 1 1
    6 5 4 9          1 9 0 4 4               ─────────
                                              1 6 5 9
                                              1 6 5 9
```

위의 뺄셈에는 이것을 포함해서 20가지의 풀이가 발견된다. 곱셈, 나눗셈은 위의 풀이밖에는 눈에 띄지 않는다. 듀도니는 익월호의 해답란에서 "다소 별해(別解)가 있다. 그러나 말을 도입해서 문제를 만든다면 때로는 이러한 일이 일어나는 것도 거의 피하기 어렵다"라고 언급하고 있다.

Ⅲ. 정보처리에 강해지자

 퍼즐 대작전

2차 세계대전의 어느 시기에 하나의 수학 퍼즐이 고안되었다. 그것은 즉각 연합국 측의 과학자 동아리에 두루 알려졌다. 매우 재미있는 문제였기 때문에 그 가혹한 전쟁 속에서 모두가 해법을 생각하기 시작하여, 놀라지 말지어다, 적어도 10,000시간의 노동력이 그 때문에 할애되었다고 계산된다.

그래서 연합군은 한 계책을 궁리해 내었다. 이 문제를 전단에 독일어로 인쇄하여 독일에 뿌리면 어떨까? 즉 독일의 유능한 과학자들의 두뇌를 이 문제에 몰두시킴으로써 독일의 가공할 만한 전력의 증강을 저지시키려는 것이었다. 그리고 이러한 것은 영국의 공군에 의해서 실행되었다. 그 결과, 생각했던 대로 독일은 패망하였다. 만일 당신이 독일 전선에서 이것을 당장 풀었다고 가정하자. 클레오파트라의 코의 이야기는 아니지만 세계사는 바뀌었을지도 모른다(후략).

이것은 'Ⅲ-문제 26' 퍼즐이 생겼을 때의 에피소드이다. 이 문제를 포함하는 "FUN WITH FIGURES"의 일본어 번역을 하고 있었을 때 저자인 헌터 씨가 편지로 가르쳐 준 것이다(역서는 『數學(수학 SHORT-SHORT)』 책의 표지에 소개하였으나 지금은 절판되었기 때문에 여기에 다시 실어 둔다).

"퍼즐은 미사일보다 강하다(?)"

예제 11. 묵직한 공은 어느 것?

8개의 공이 있다. 겉만 보아서는 분간할 수 없으나 이 가운데는 단지 1개만이 표준보다 약간 무거운 불량한 공이 섞여 있었다. 손으로 들어 보아도 알 수 없다. 그러나 보통의 천칭으로 양쪽 접시에 같은 수의 공을 얹었을 때 만일 그들 가운데 불량한 공이 있으면 그것을 포함하는 쪽이 무거우므로 천칭에서는 불량한 공이 있는 쪽이 내려간다. 따라서 만일 천칭이 균형 잡히면 저울에 달지 않았던 나머지 속에 불량한 공이 있음을 알 수 있다. 이러한 조작으로 1개 있는 불량한 공을 골라내려는 것이다. 저울에 달아서 비교하는 횟수가 가장 적은 방법을 생각하기 바란다.

8개의 공을 A_1, A_2, A_3, $\cdots$, A_7, A_8로 나타내고 이것을 3개의 그룹 $A(A_1, A_2, A_3)$, $B(A_4, A_5, A_6)$, $C(A_7, A_8)$로 나눈다. 먼저 A 와 B를 천칭에 단다. 나머지는 다음의 표처럼 생각해서 2회의 조작으로 불량한 공을 찾아낼 수 있다.

1회	2회	불량한 것
A=B(균형이 잡히다) (이때는 C 속에 불량한 것이 있다)	$A_7 > A_8$ 이라면 (A_7 쪽이 무겁다)	A_7
	$A_7 < A_8$ 이라면	A_8
A>B(A쪽이 무겁다) (이때는 A 속에 불량한 것이 있다)	$A_1 = A_2$ 이라면	A_3
	$A_1 > A_2$ 이라면	A_1
	$A_1 < A_2$ 이라면	A_2
A<B(B쪽이 무겁다) (이때는 B 속에 불량한 것이 있다)	$A_4 = A_5$ 이라면	A_6
	$A_4 > A_5$ 이라면	A_4
	$A_4 < A_5$ 이라면	A_5

(주) 단지 1개만이 표준보다 약간 가벼운 불량한 공이 섞여 있다는 경우도 마찬가지로 생각하여 찾아낼 수 있다.

참고

일반적으로 불량한 공이 표준의 공보다 무거운지 가벼운지를 알고 있을 때에는 공의 총수를 N이라 할 때

$$3^{n-1}+1 \leq N \leq 3^n \text{ 이면 } n회$$

의 조작으로 표준보다 무거운(또는 가벼운) 것을 알고 있는 불량한 공을 골라낼 수 있다. 예컨대 공의 총수가 4개 이상 9개까

지의 경우(《예제 8》의 경우는 이 속에 포함된다)는 n=2의 경우이
고 2회의 조작으로 골라낼 수 있다.

또 불량한 공이 표준의 공보다 무거운지 가벼운지를 모르고
있을 때는 공의 총수를 N(N≧3)이라 할 때

$$\frac{3^{n-1}-3}{2}+1 \le N \le \frac{3^n-3}{2}\text{이면 n회}$$

의 조작으로 1개의 불량한 공을 골라내고 그것이 표준보다 무
거운지 가벼운지를 결정할 수 있다. 예컨대 4개 이상 12개까지
의 경우(공의 수 N=8개의 경우는 이 안에 포함된다)는 n=3의 경우
이고 3회의 조작으로 불량한 공을 결정할 수 있다(《Ⅲ-문제 26》
참조).

이들 문제는 정보이론의 하나의 문제이기도 하다.

예제 12. 에도시대의 산법서

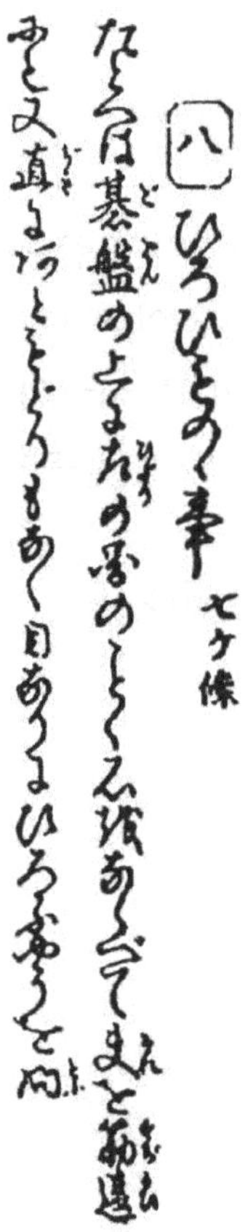
八 ひろひものゝ事 七ケ条

여기서 서술하는 「바둑돌 줍기」는 일본에서 옛날부터 있었던 것으로 나카네 겐순(中根彦循)의 『勘者御伽雙紙』(1743)이라는 에도(江戸)시대의 산법서(算法書)에도 「ひろひものの事(줍기에 대한 것)」이라는 제목으로 나와 있다.

"바둑판 위에 그림과 같이 돌을 배열하고 그것을 비스듬히 교차하지도 또 금방 뒤로 후퇴하지도 않고 눈(집) 모양대로 줍는 방법을 묻는다"(역주 : 왼쪽 그림의 문장 내용임)라는 의미이다. 더 정확히 말하면 바둑돌 줍기란 바둑판 위에 가로세로 선의 교점에 바둑돌을 놓아〔바둑이나 오목(5目)을 둘 때와 마찬가지〕도형을 만들고 그것을 다음에 언급하는 규칙에 따라서 완전히 줍는 놀이다.

(I) 1에서 줍기 시작하여 차례로

1→2→3→4→5→6→7

과 같이 가로 또는 세로의 선을 따라 전진하

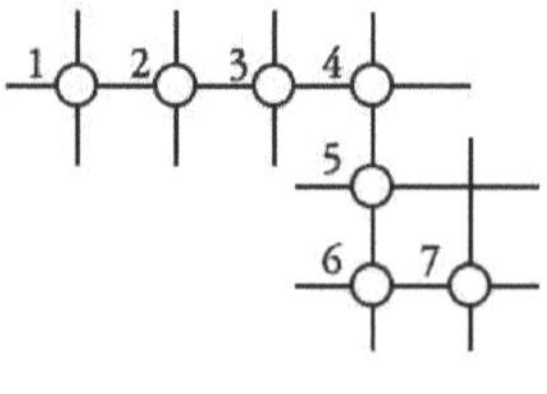

지 않으면 안 된다. 4를 지나지 않고 5로 비껴 전진할 수 없다.

(Ⅱ) 하나의 돌을 주웠을 때 그 돌이 있는 가로줄 또는 세로줄의 선상에 다른 돌이 없으면 이미 그 이상 전진할 수 없다. 예컨대 1의 돌을 우선 주웠다고 하면 그 돌이 있는 선상에는 가로줄, 세로줄 모두 다른 돌이 없으므로 이미

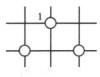

그것 이상 전진할 수 없는 것이다. 이 1처럼 그 돌로부터 어느 쪽으로도 전진할 수 없는 돌에는 다른 어떠한 돌로부터도 진입할 수 없다. 이러한 돌을 '고립된 돌'이라 한다.

'고립된 돌'이 하나라도 있으면 다 주울 수는 없다.

(Ⅲ) 같은 선상이라면 다음의 돌이 아무리 떨어져 있어도, 예컨대 2와 3과 같은 경우 2에서 3으로 전진할 수 있다.

(Ⅳ) 전진하는 길 선상의 돌은 반드시 주워 내지 않으면 안 된다. 예컨대 Ⅲ의 그림에서 1에서 2를 남기고 3으로 전진할 수는 없다.

(Ⅴ) 지나온 길을 바로 되돌아가는 것은 허용되지 않는다. 그러나 다음의 그림처럼 1에서 시작하여 화살표 방향으로 점선을 따라 주워 가면 4-5를 두 번 지나지만 바로 되돌아가는 것이 아니므로 지장이 없다. 이 경우에 역의 방향으로

9→8→7→6→…

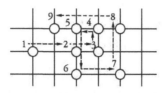

과 같이 가는 것은 (IV)에 반하므로 허용되지 않는다.

　(VI) 바둑돌이 없는 곳에서 방향을 바꾸는 것은 허용되지 않는다. 당장 다음 그림의 바둑돌을 주워 보기 바란다.

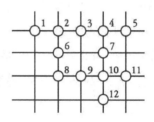

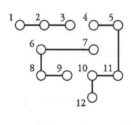

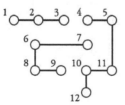

　(1) 1에서 2로 가는 길, 10에서 12로 가는 길은 필연적으로 지나지 않으면 안 된다. 또 2방향 통행로의 점(2개의 방향으로밖에 갈 수 없는 점)을 통과하기 위한 2개의 길을 내지 않으면 안 된다. 2가 분기점이 되는 것을 알 수 있다.

　(a) 2에서 3으로 전진하는 경우

　6-7은 반드시 지나야 한다. 3이 새로운 분기점인 ①, ②의 2개 풀이를 얻을 수 있다.

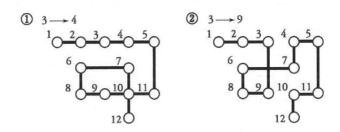

(b) 2에서 6으로 전진하는 경우
9-3-4는 반드시 지나지 않으면
안 된다. 그렇게 하면 7이 고립돼
버리므로 이것으로부터는 풀이를
얻을 수 없음을 알 수 있다.

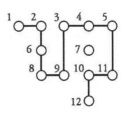

(2) 1열로 4개 이상 배열되어 있는 곳에서는 옆 그림처럼 지
나는 것도 생각할 수 있다. 물론 안쪽을 먼저
지나지 않으면 안 된다. 이것을 조사하면 다
음의 ③, ④를 얻을 수 있다.

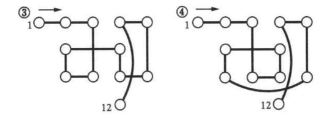

120

(3) 12에서 출발하는 경우 ⑴의 가역(可逆)의 ①, ② 이외에 다음 2개의 풀이를 얻을 수 있다.

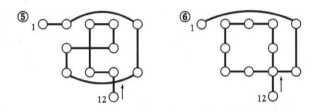

⑴~⑶으로 합쳐서 6가지의 풀이를 찾을 수 있다.

문제 26. 불량한 공은 어느 것?

 8개의 공이 있다. 겉만 보아서는 분간할 수 없으나 이 가운데 단지 1개만 표준보다 약간 무게가 벗어나는 불량한 공이 섞여 있었다. 손으로 들어 보아도 알 수 없다. 그러나 보통의 천칭으로 양쪽 접시에 같은 수의 공을 얹어 보면 그 가운데 불량한 공이 있는 경우 어느 쪽인가의 접시가 내려간다. 하지만 불량한 공이 표준보다 무거운지 가벼운지 모르고 있기 때문에 불량한 공이 어느 쪽 접시에 있는가의 판단은 할 수 없다. 물론 천칭에 달지 않았던 공이 표준의 무게라는 것은 알고 있다.
 이러한 조작으로 1개 있는 불량한 공을 골라내서 표준보다 무거운지 또는 가벼운지를 판정하려고 생각한다. 천칭에 달아서 비교하는 횟수를 가급적 적게 하기 바란다.

해답. 3회 ▬▬▬▬▬▬▬▬▬▬▬▬▬▬▬▬

8개의 공을 A(A$_1$, A$_2$, A$_3$), B(B$_1$, B$_2$, B$_3$), C(C$_1$, C$_2$)의 3개의 그룹으로 나눈다. 제1회에 A와 B를 천칭에 달아 A=B라면 C의 C$_1$ 또는 C$_2$가 불량이라는 것이 된다. 그래서 제2회에 C$_1$과 C$_2$를 저울에 달아서

$C_1 > C_2$라면 C$_1$이 불량이고 표준보다 무겁든가

C$_2$가 불량이고 표준보다 가볍든가

의 어느 쪽이다. 제3회에 C$_1$과 표준인 A$_1$을 비교하여

$A_1 < C_1$이라면 C$_1$이 불량이고 표준보다 무겁다

$A_1 = C_1$이라면 C$_2$가 불량이고 표준보다 가볍다

는 것이 된다.

이상을 다음과 같은 표로 나타낼 수 있다.

제1회	제2회	제3회	결론	
			불량	표준보다
A=B	$C_1 > C_2$	$A_1 < C_1$	C$_1$	무겁다
		$A_1 = C_1$	C$_2$	가볍다

이하도 마찬가지로 표현하면 다음과 같이 된다.

A=B	$C_1 < C_2$	$A_1 < C_2$ $A_1 = C_2$	C_2 C_1	무겁다 가볍다
A>B (그룹 A, B 중에 불량한 공이 있다) C_1은 표준	$A_1B_1 = A_2B_2$ (A_3, B_3 중에 불량한 공이 있다)	$C_1 < A_3$ $C_1 = A_3$	A_3 B_3	무겁다 가볍다
	$A_1B_1 > A_2B_2$ (A_1, B_2 중에 불량한 공이 있다)*	$C_1 < A_1$ $C_1 = A_1$	A_1 B_2	무겁다 가볍다
	$A_1B_1 < A_2B_2$ (A_2, B_1 중에 불량한 공이 있다)	$C_1 < A_2$ $C_1 = A_2$	A_2 B_1	무겁다 가볍다

A<B의 경우는 위의 A>B일 때의 표에서 A와 B의 문자를 전부 교환한 것이 되므로 역시 3회로 불량한 공을 결정할 수 있다.

(주*) $A(A_1, A_2, A_3)$, $B(B_1, B_2, B_3)$에 대해서

$A>B$, $A_1B_1 > A_2B_2$

가 성립하여 불량한 공이 1개, 게다가 단지 1개만 있다.

이때 B_1은 부등식의 작은 쪽 변에 있고 또 별개의 부등식의 큰 쪽 변에도 있으므로 B_1은 불량한 공은 아니다. 마찬가지 이유로 A_2도 불량한 공은 아니다. 그러므로 A_1, B_2 중에 불량한 공이 있음을 알 수 있다.

더구나 $A>B$이므로 A_1이 불량이라면 표준보다 무겁고 B_2가 불량이라면 표준보다 가볍다.

The False Coin

〈예제 11〉이나 〈문제 26〉의 근원은 "The False Coin"〔가짜 돈(경화)의 분별법〕이라는 퍼즐이다. 『American Mathematical Monthly』의 1월호에 「8개의 경화(硬貨) 중의 1개의 가짜 돈」이라는 제목으로 E. D. Schell에 의해서 발표되자 순식간에 널리 알려졌고 'Ⅲ-퍼즐 대작전'에서 언급한 에피소드까지 탄생했다.

일본에 처음 소개된 것은 2차 세계대전 후 얼마 안 돼서였다. 전쟁 중에 여러 외국과의 교류가 대부분 완전히 두절되어 있다, 전후에 여러 가지의 것이 왈칵 들어왔을 때에는 모든 것이 신기하고 놀라운 것들뿐이었다.

잡지로서는 『Reader's Digest』 일본판이 폭발적인 판매를 보인 것도 무리가 아닌 형편이었다. 5월호에 이 '가짜 돈'의 문제가 실려 있었다.

기록을 위해서 여기에 정확히 베껴 둔다.

재치 문답

여기에 겉보기에 똑같은 공이 8개 있다. 그중에 1개만이 다른 7개보다 조금 무게가 가볍다 하면 저울에 2회 다는 것만으로 이 가벼운 공을 찾아내려면 어떻게 하면 될까.

문제 27. 등급검사의 생력화

어느 회사의 검사과의 이야기이다. 제품이 A, B, C, …, K, L의 12개가 있다. 그 성능을 시험하여 최우수품으로부터 순번으로 최하위까지, 바꿔 말하면 1급, 2급, …, 11급, 12급이라 그 등급을 매기려고 한다. 그런데 그 검사기라고 하는 것은 한 번에 4개까지의 제품을 시험할 수 있고 4개 이하의 제품에 대해서는 그 순위가 1회의 시험으로 결정된다. 다만 그것이 몇 등급인지는 알 수 없다. 가급적 적은 횟수의 시험으로 1~12급을 정하려면 어떠한 수순으로 검사기에 걸면 될까.

예컨대 제품을 A~D, E~H, I~L의 3그룹으로 나눠서 그룹마다 검사기에 건다(3회). 이것으로 각 그룹의 1위가 선출된다. 이 3개 중에 1급품이 들어가 있는 것은 명백하므로 이 3개를 검사기에 걸면 1급품이 결정된다. 그러나 그다음의 것이 반드시 2급품이라고는 할 수 없다.

가장 보통의 방법은 "위와 같이 3그룹으로 나누고 그룹마다 1~4위를 결정해 둔다(3회). 그래서 각 그룹의 1위만을(3개) 취해서 검사기에 걸어 1급품을 결정한다(1회). 이것을 제거한다. 그다음 남아 있는 각 그룹의 1위만을 취해서 검사기에 걸어 순차로 2급품, 3급품, …, 8급품까지를 결정한다(7회). 나머지가 4개가 된다. 이것을 검사기에 걸어 9~12급품이 한 번에 결정되어(1회), 이상 합계 12회로 결정 가능하다"라는 것이다. 그러나 연구를 하면 이 횟수를 줄일 수 있을 것 같다. 그것을 생각하기 바란다.

해답. 10회로 줄일 수 있다 ▬▬▬▬▬

제1단(①②③)—문제에 나타내어 보인 방법으로 3그룹으로 나누고 각 그룹 내에서의 순위를 결정하여 다음과 같이 위로부터 그 차례로 배열한다.

①	②	③
(A~D)	(E~H)	(I~L)
a_1	b_1	c_1
a_2	b_2	c_2
a_3	b_3	c_3
a_4	b_4	c_4

④ [a_1 b_1 c_1]
　　 a_2 b_2 c_2
　　 a_3 b_3 c_3
　　 a_4 b_4 c_4
　　　　↓
　　 ① ㉠ ○
　　 ㉡ ○ ○
　　 ○ ○ ○
⑤ [○ ○ ○]

제2단(④⑤⑥)

④ 각 그룹의 제1위 안에 1급품이 있어야 할 것이다. [ ] 내의 3개를 검사기에 걸어서 제1위의 제품이 1급품이므로 이것을 ①로 나타낸다. 또 제2위를 ㉠으로 나타낸다. 그리고 ①을 포함하는 줄이 왼쪽 끝에, ㉠을 포함하는 줄이 중앙에 오도록(각 그룹의 세로의 순위는 그대로) 배열한다. ①의 바로 아래를 ㉡이라 하면 2급품은 ㉠이나 ㉡의 어느 쪽인지는 명백하다.

⑤ 앞에서 최상위를 결정한 방법과 마찬가지로 하여 최하위를 결정한다. ⑤ [ ]의 3개를 검사기에 걸어 순위를 결정하고 최하위의 제품을 ⑫로 나타낸다. 그리고 역시 마찬가지로 어느 쪽인가 11급품이 될 것인 ㉠'와 ㉡'를 결정하면 다음 그림의 어느 것인가로 된다.

①	㉠	○	①	㉠	○	①	㉠	○	①	㉠	○	①	㉠	○	①	㉠	○
㉡	○	○	㉡	○	○	㉡	○	○	㉡	○	○	㉡	○	○	㉡	○	○
㉡′	○	○	㉡′	○	○	㉡′	○	○	㉡′	○	○	㉡′	○	○	㉡′	○	○
⑫	㉠′	○	⑫	○	㉠′	㉠′	⑫	○	○	⑫	○	⑫	㉠′	㉠′	○	㉠′	⑫

⑥ ㉠, ㉡, ㉠′, ㉡′의 4개를 검사기에 걸면 그 제1위가 2급품(②), 제4위가 11급품(⑪)이 된다.

제3단(⑦⑧⑨)

⑦ 급이 결정된 4개를 제외하고 각 그룹의 최상위(3개, 경우에 따라서는 2개밖에 없다) 가운데 제1위는 3급품(③)이 된다.

⑧ 또 각 그룹의 최하위(3개 또는 2개) 가운데 최하위의 제품을 선정해서 10급품(⑩)을 구한다.

⑨ 제2단일 때와 마찬가지로 하여 어느 쪽인가가 최상위여야 할 2개와 어느 쪽인가가 최하위여야 할 2개를 동시에 검사기에 걸어서 그 제1위(④가 된다)와 최하위(⑨가 된다)를 결정할 수 있다.

제4단(⑩)—나머지의 4개를 검사기에 걸어서 ⑤, ⑥, ⑦, ⑧을 결정한다.

제2단에서 2급품과 11급품을 동시에 결정하고 제3단에서 4급품과 9급품을 결정한 부분이 횟수를 줄이기 위한 궁리이고 말하자면 이 풀이의 특징이다. 풀이의 의외성은 퍼즐의 조건의 하나라 할 수 있을 것이다.

(주) 보통의 천칭을 사용해서 1회에 2개 알의 무게의 순위를 결정할 수 있다. 이 조작을 반복하는 것만으로 무게가 조금씩 다른 몇 개인가의 파친코 알의 무게의 순위를 결정하라는 퍼즐이 있다.

파친코 알이 5개의 경우 7회로 가능하고 이것이 최소 횟수라는 것을 『퍼즐 대담』(1971)의 「5개의 파친코 알」에 상세히 서술하였다.

또한 파친코 알의 개수와 무게의 순위 결정에 필요한 천칭의 사용 횟수는 다음과 같이 된다〔(수학세미나, 3(63), 요네다 노부오(米田信夫), 수리과학, 10(63), 이케노 신이치(池野信一)〕.

알의 개수	3	4	5	6	7	8	9	10	11
최소 횟수	3	5	7	10	13	16	19	22	26

1회에 3개 알의 무게의 순위를 결정하는 저울(3방향 저울)을 사용하는 문제도 당연히 생각할 수 있을 것이다. 후지무라 고자부로, 고바야시 시게타로(小林茂太郎)『수학퍼즐의 세계』(1978)의 「6개의 알의 무게의 순위」가 그것이다.

문제 : 무게에는 그다지 차이가 없으므로 보는 것만으로는 무게의 순위를 알 수 없으나 모두 무게가 다른 6개의 파친코 알이 있다. 3방향 저울을 몇 회 사용하면 무게의 순위를 결정할 수 있을까. 반드시 결정할 수 있는 방법이고 횟수가 가급적 적은 것을 생각하기 바란다.

이 풀이(최소 횟수 5회)가 상세히 표시되어 있으므로 흥미가 있는 사람은 참조하면 좋다. 또한 고바야시 씨에 따르면 알의 개수와 순위의 결정에 필요한 3방향 저울의 사용 횟수는 다음과 같이 된다.

알의 개수	3	4	5	6	7	8
최소 횟수	1	3	4	5	6	8

문제 28. 바둑돌 줍기

규칙은 〈예제 12〉와 같다. 각각의 바둑돌 줍기로 에도시대의 정취를 즐기기 바란다.

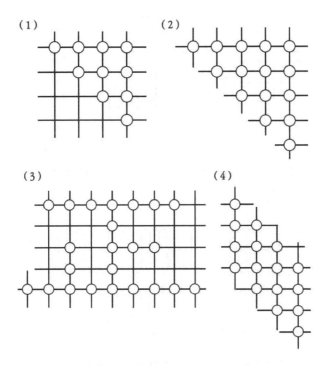

130

해답

(1)

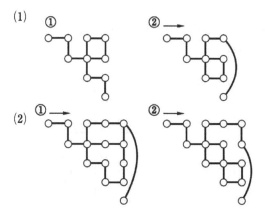

(2)

(3) 53가지의 다른 풀이가 있고 그 가운데 가역의 것은 다음 의 5가지다.

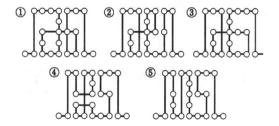

(4) 다음의 2가지의 풀이가 있고 ①은 가역이다.

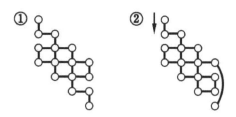

문제 29. 우물 정(井) 자 모양의 바둑돌 줍기

이 문제는 앞에서 말한 나카네 겐순의 『勘者御伽雙紙』에 나와 있다.

바둑돌 줍기에서는 그 돌에서 1개의 방향으로밖에는 갈 수 없는 일방통행로의 돌이 있으면 그것은 출발점이나 종점의 어느 쪽이 되지 않으면 안 되므로 일방통행로의 돌이 3개 이상 있을 때는 분명히 불가능하다. 일방통행로의 돌이 1개도 없는 경우에는 출발점, 종점이 처음부터 명백하다고는 할 수 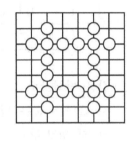 없다. 그래서 출발점을 잠정적으로 정해서 시도하게 된다.

아래 그림의 왼쪽은 『勘者御伽雙紙』에 나와 있는 풀이고 돌에 붙인 번호는 그 순서로 주워 올리면 된다는 것을 보여 주고 있다. 그 길을 그래프로 나타내면 그림의 오른쪽처럼 된다.

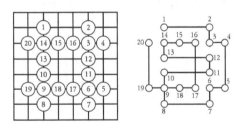

그래서 문제인데 실은 출발점을 어디로 정해도 바둑돌 줍기가 반드시 가능하다. 이것을 증명하여라.

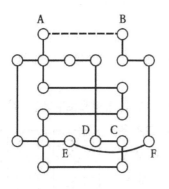

(증명) 왼쪽 그림은 앞의 그림과는 다른 풀이이고 출발점 A와 종점 B가 동일 선상에 있으므로 A와 B를 연결하면 모든 돌을 줍고 시작의 점으로 되돌아가는 길이 생긴다. 따라서 아래의 ①~⑤처럼 1에서 5까지의 ●표의 어느 돌에서 출발해도 CD를 EF보다 먼저 지나는 것

같은 방향으로, 그 길을 따라 전진하면 출발한 돌의 이웃의 돌로 끝나는 줍는 방법이 가능하다(이웃의 돌이란 하나의 돌과 같은 선상에 있고 간격은 얼마가 되어도 좋으나 사이에 다른 돌이 없는 것 같은 돌을 가리킨다).

그 밖의 점을 출발점으로 하는 것은 이 5가지의 어느 것인가를 회전(또는 뒤집기)시켜서 ●표를 출발점에 포개는 것이 가능하고 그 위치에 놓은 것이 풀이가 되므로 어느 점에서 출발해도 바둑돌 줍기를 할 수 있음을 알 수 있다.

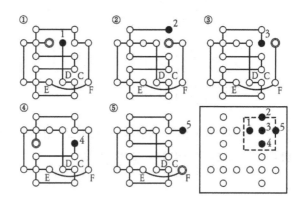

문제 30. 스포츠 프로그램의 작성

(1) 리그전

A, B, C, D, E 5명이 테니스(단식)의 리그전을 하기로 되었다. 시합 횟수는 전부 10회이다. 그런데 한 시합이 끝나면 이긴 편도 진 편도 적어도 1회는 쉬도록 하려고 생각한다. 이러한 프로그램을 만드는 방법을 생각하기 바란다. 몇 가지의 상이한 프로그램을 만들 수 있을까(이 퍼즐은 G. Kowalewski, Alte und Neue Mathemati Sche Spiele에 힘입었다).

(2) 승자 진출전(토너먼트)

3개의 팀이 승자 진출전을 할 때는 그 프로그 램은 다음과 같이 하여 만든다.

오른쪽처럼 그래프를 그려서 1, 2, 3의 부분에 팀의 이름, 예컨대 A, B, C를 1개씩 대응시키면 프로그램이 만들어진다. 팀의 개수가 홀수일 때는 2팀씩 조합시키면 나머지가 나와 1회전에 부전승이 반드시 생긴다. 위의 예에서는 2회전에는 2팀이 되어 이미 부전승은 없어지지만 2회전에 남은 팀이 홀수 개가 되면 2회전에도 부전승이 나온다. 그래서 2회전 이후에 부전승이 나오지 않게 하려고 한다. 5개 팀의 경우를 생각하기 바란다.

134

해답. (1) 240가지

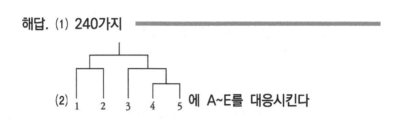

(2) 1 2 3 4 5 에 A~E를 대응시킨다

---

(1) 정오각형 ABCDE의 5개의 변과 5개의 대각선이 그 시합의 모든 조합을 나타낸다. 이것을 오각형과 별 모양으로 나눠서 그 변을 따라 하나 걸러 취해 가면 오각형에서

(A, B), (C, D), (E, A), (B, C), (D, E)

별 모양에서

(A, C), (E, B), (D, A), (C, E), (B, D)

가 되어 이 조합은 문제에서 요구하는 대로 되어 있다.

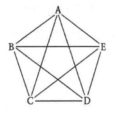
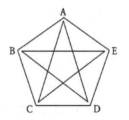

A, B, C, D, E의 순서를 여러 가지로 바꿔서 그 순서로 A, B, C, D, E에 할당하면 $_5P_5=5!$가지의 상이한 프로그램을 얻을 수 있게 된다.

또한 별 모양 쪽을 취할 때 순서를 거꾸로 하여

(C, A), (D, B), (E, C), (A, D), (B, E)

로 해도 괜찮은 것은 물론이다.

(주) 이것으로 일단 프로그램을 만들 수 있었다. 하지만 이것으로 해결된 것은 아니다. 그것은 이 밖에도 별개의 풀이가 있을지도 모르기 때문이다. 그것을 다음에 조사해 보자.

최초에 (A, B)를 취하고 2회에 (C, D)를 취하면 3회는 A, B, E 중의 어느 것인가 2개가 만나지 않으면 안 된다. 그러나 (A, B)는 이미 나와 있으므로 (A, E) 또는 (B, E)의 어느 쪽인가이다. 그런데 A와 B를 교체하면 (A, B), (C, D)까지는 바뀌지 않고 (A, E)는 (B, E)가 되므로 3회에 (A, E)를 취하는 경우와 (B, E)를 취하는 경우의 2개 중 어느 쪽을 취해도 전체로서는 일치한다.

그래서 3회는 (A, E) 쪽만을 취해서 생각하면 된다.

4회는 (B, C), (B, D) 중의 어느 쪽인가이므로

$(A, B) \to (C, D) \to (A, E) \to (B, C)$

$(A, B) \to (C, D) \to (A, E) \to (B, D)$

의 어느 쪽인가가 된다. 그런데 실은 C와 D를 교체하면 한쪽에서 다른 쪽이 나오므로 위와 마찬가지 이유로 한쪽, 예컨대

$(A, B) \to (C, D) \to (A, E) \to (B, C)$

만을 생각하면 된다.

그다음은 (A, D), (D, E) 중의 어느 쪽인가이다.

136

(i) (A, D)를 취하면

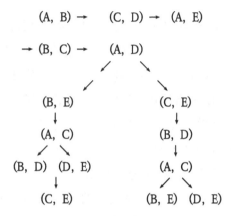

(A, B) →   (C, D) → (A, E)

→ (B, C) →   (A, D)

(B, E)   (C, E)

(A, C)   (B, D)

(B, D) (D, E)   (A, C)

(C, E)   (B, E) (D, E)

이쪽으로부터는 많아도 9회까지밖에 시합을 할 수 없다. 8회
에 출전한 자가 9회에 잇달아 출전하지 않으면 안 되거나 9회
에 출전한 자가 10회에 잇달아 출전하지 않으면 안 되기 때문
이다.

(ii) (D, E)를 취하면,

(A, B) →   (C, D) → (A, E)

→ (B, C) →   (D, E)

(A, C)

(B, D)   (B, E)

(C, E)   (A, D)

(a)   (b)

(A, D)   (C, E)

(B, E)   (B, D)

위의 2개[(a), (b)]가 얻어진다. 이 2개는 서로 다르다(A~E 간의 어느 변환에 대해서도 한쪽에서 다른 쪽으로는 되지 않는다).

다음으로 시합을 역의 순서로 행하면 어떠할까. 확실히 조건에 맞지만 실은

(a)에서 A를 D로, D를 C로, C를 E로, E를 A로 바꾸면, (b)의 역

(b)에서 A를 E로, E를 C로, C를 D로, D를 A로 바꾸면, (a)의 역

이 되므로 결국 (a), (b)의 어느 쪽인가에 서 행하려고 한 경우와 전체로서는 일치한다. 그러므로 결국 최초의 그래프에서 얻은 2종의 프로그램이 기본 프로그램의 전부였음을 알 수 있다. 기본의 프로그램으로서 (a) 또는 (b)의 어느 쪽을 취하는 경우도 $_5P_5$가지의 다른 프로그램을 만들 수 있으므로 상이한 프로그램은 $_5P_5 \times 2$, 즉 $(5 \times 4 \times 3 \times 2 \times 1) \times 2 = 240$가지 있음을 알 수 있다.

(2) 그림처럼 8개의 팀을 2개씩 조합하여 그 가운데 3개 팀을 ×표로 표시하여 이것을 제거하기로 하면 해답과 같이 5개 팀의 프로그램이 만들어진다. 1~5의 각각에 A, B, C, D, E를 할당하면 프로그램이 완성된다.

2회전 이후에 부전승을 예정해 두는 것을 피하려고 하면 1회에 이겨서 남는 팀의 수가 2의 거듭제곱이 아니면 안 된다. 그래서 다음과 같은 룰이 사용된다. 위의 해답은 실은 그것에 따른 것이다.

룰

참가 팀의 수가 2, 2^2, 2^3, 2^4, … ,2^n 등처럼 2의 거듭제곱의 경우에는 2^n팀을 1열로 배열하여 끝부터 2개씩 조를 만들어 간다. 다음으로 그 이겨서 남은 자를 또 끝부터 차례로 2개씩 조를 만들어 간다. 이것을 반복해 가면 마지막에 하나가 이겨서 남아 우승할 때까지 한 번도 부전승을 만들지 않아도 된다.

참가 팀의 수가 2의 거듭제곱이 아닌 경우에는 먼저 그것보다 크고 그것에 가장 가까운 2의 거듭제곱의 수를 취한다. 예컨대 위의 예처럼 5개 팀의 경우에는 5보다 크고 5에 가장 가까운 2의 거듭제곱 2^3을 취하면

$$2^3 - 5 = 3$$

만큼 부족하므로 2^3개 팀의 경우의 프로그램이고, 1회전의 3개 팀을 제거하고 부전승의 팀을 3개 정한다.

즉 1회전의 3개의 조합으로부터 한쪽의 1개 팀씩을 제거해서 (×표로 나타낸다) 상대방을 부전승으로 하는 것이다.

이 부전승이 나오는 조는 그 부족수가 짝수일 때에는 그 절반 수만큼 중앙에서 왼쪽에 취하고 다른 절반 수만큼 오른쪽에 취한다. 또 부족수가 홀수일 때(문제의 경우에는 좌우 어느 쪽인가에 1개 많은 부전승이 나오는 조를 취한다.

다음으로 해답에서 보여 준 것처럼 고쳐 적는다.

(주) 이 룰의 근거를 생각해 보자.

지금 출전팀의 수를 a라고 하고

$2^{m-1} < a < 2^m$이라 하자.

1회전에 이겨서 남는 자가 2의 거듭제곱 2^{m-1}이 되도록 하려면 1회전에 $a-2^{m-1}$만큼 패배하여 물러서지 않으면 안 된다. 즉

> 1회전에 출전하는 팀의 수는
>
> $2(a-2^{m-1})$

이다. 그러므로

> 1회전에 출전하지 않는 팀의 수는
>
> $a-2(a-2^{m-1})=2^m-a$

가 되어 이것이 1회전의 부전승 팀의 수이다.

2^m이라는 것은 a보다 크고 a에 가장 가까운 거듭제곱 수이므로 앞에서 언급한 룰이 생기는 것이다.

문제 31. '체스'판 위의 8개의 말

체스의 판에는 8×8개의 정사각형 네모 칸이 있다. 이것에 그림처럼 3개의 바둑돌이 놓여 있다고 하자.

거듭 5개의 바둑돌을 놓고 어느 가로줄에도, 어느 세로줄에도, 어느 비낌의 방향(네모 칸의 대각선 방향)에도 돌이 1개씩 있도록 하여라. 해답은 단지 한 가지밖에 없다.

해답

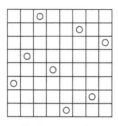

(주) 8×8개의 네모 칸에 8개의 돌을 놓고 문제의 조건을 충족시키는 방법은 전부 12가지 있으나 처음에 3개의 위치가 그림처럼 결정되어 있으면 1가지의 풀이밖에 얻을 수 없다.

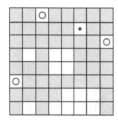

재미있게도 어느 3개의 돌을 취해도 그 3개의 돌의 중심을 지나는 직선을 그을 수 없다.

처음에 놓아 둔 3개의 돌이 있는 가로줄이나 세로줄이나 비낌의 방향에는 이미 돌을 놓을 수 없으므로 그것을 빈틈없이 칠하면 그림처럼 된다. *표 부분은 *가 있는 가로줄에 그 밖에 빈자리가 없어진 것이므로 필연적으로 돌을 놓지 않으면 안 된다. 이 돌을 놓으면 거듭 돌을 놓을 수 없는 네모 칸이 생기므로 이것을 또 빈틈없이 칠한다.

이와 같이 하면 돌을 놓을 수 있는 장소가 차츰 한정되어 마지막에는 풀이가 한 가지로 결정된다.

(주) 서양에서는 이러한 문제를 「8개의 퀸의 문제」라 말하고 있다. 이것은 "퀸은 가로, 세로, 비낌으로 몇 개라도 움직일 수 있는데 8개의 퀸을 배열해서 서로 빼앗기지 않도록 하여라"라는 것으로 1850년에 F. 나우크가 제출하였다고 한다(『퍼즐의 임금님 (3)』 문제 300 참조).

문제 32. 삼각형은 몇 개까지 감소하는가

같은 길이의 성냥개비 9개로 그림처럼 정삼각형을 5개(큰 삼각형이 1개, 작은 삼각형이 4개) 만든다.

(1) 한 번에 2개만 놓는 장소를 바꿔서 정삼각형이 1개 감소하여 4개가 되도록 하여라.

(2) 다음에 또 위와 마찬가지로 한 번에 2개씩 놓는 장소를 바꿔서 정삼각형이 그때마다 1개씩 감소하도록 하기 바란다. 정삼각형의 크기는 같아도, 같지 않아도 괜찮은 것으로 한다. 물론 성냥개비를 꺾어 구부리거나 포개서 놓거나 교차시켜서는 안 된다.

정삼각형이 몇 개가 될 때까지 감소시킬 수 있을까?

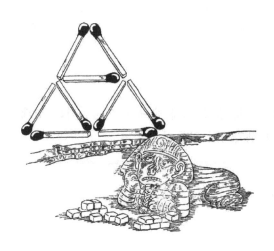

해답

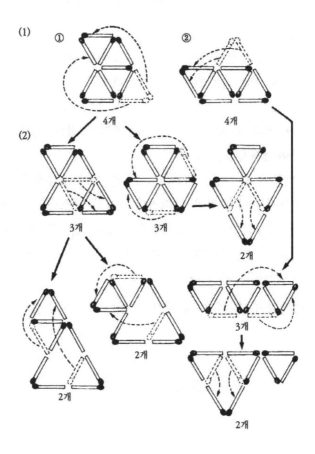

(1) ①   ②

4개   4개

(2)

3개   3개   2개

3개

2개   2개

2개

5개, 4개, 3개, 2개 순으로 만들어지는 상태는 참으로 아름답다고 생각되지 않는지.

문제 33. 정사각형을 감소시킨다

(1) 다음의 각 그림은 성냥개비 16개로 같은 크기의 정사각형
을 5개 만든 것이다. 각각에 대해서 16개 중 2개만 바꿔
옮겨서 같은 크기의 정사각형이 4개가 되도록 하여라.

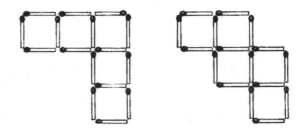

(2) 아래의 그림은 역시 성냥개비 16개를 배열하여 같은 크기
의 정사각형을 5개 만든 것이다. 이 중 3개를 바꿔 옮겨
서 같은 크기의 정사각형이 4개가 되도록 하여라.

해답

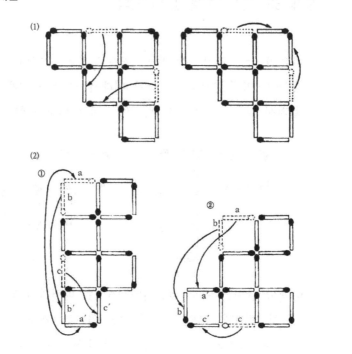

IV. '추리'가 결정적 방법

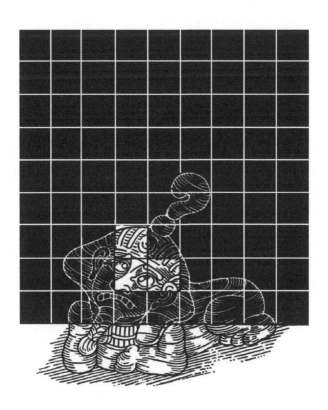

예제 13. 몇 사람 많은가?

어느 학급의 학생 수는 50명이고, 그 가운데 남자는 26명, 여자는 24명으로 되어 있다. 지금 이것을 A, B의 2개의 그룹으로 나눠서 A는 30명, B는 20명으로 하였다. 다만 어느 쪽의 그룹도 남녀의 인원수는 알 수 없다.

이때 A그룹의 남자는 B그룹의 여자보다 몇 사람 많을까?

(『퍼즐과 문제』 문제 26)

A그룹, B그룹의 남녀의 수는 여러 가지로 결정할 수 있다. 그럼에도 불구하고 "A그룹의 남자의 인원수는 B그룹의 여자의 인원수보다 몇 사람 많은가"라 묻고 있는 것이다. 조건이 부족한 것이 아닌가, 라고 일단 생각할 것이다. 기다려라, 이대로 만일 문제가 성립한다고 하면 답이 그룹 나누기의 방법과 관계없이 같아지는 경우밖에 있을 수 없다고 추측할 수 있다. 그래서 A그룹의 남자의 인원수를 특수한 경우, 예컨대 최고인 26명이라 하여 생각해 보자(A그룹은 30명이므로 가능). 이때 A그룹의 여자의 인원수는 30-26=4(명)이다. B그룹의 남자의 수는 0이고 여자의 인원수는 20명이 되어 다음의 표처럼 된다.

	A그룹	B그룹	계
남자	26	0	26
여자	4	20	<u>24</u>
계	<u>30</u>	20	50

150

만일 그룹 나누기의 방법과 관계없이 같은 답이 된다면

(A그룹의 남자의 인원수)-(B그룹의 여자의 인원수)

=26-20=6

으로 되어야 할 것이다. 이것은

(26+4)-(20+4)

=[(A그룹의 인원수)-(여자의 총수)]

가 되어 정답은 이것으로 나온다. 그러나 이를 위해서는 사실은 그룹 나누기의 방법과 관계없이 답이 언제나 같아지는 것이 사전에 확인되어 있지 않으면 안 된다.

A그룹, B그룹의 남자의 인원수를 각각 x명, y명이라 하면 위와 마찬가지로 다음의 표를 얻을 수 있다.

	A그룹	B그룹	계
남자	x	y	26
여자	30-x	20-y	<u>24</u>
계	<u>30</u>	20	50

(A그룹의 남자의 인원수)-(B그룹의 여자의 인원수)

따라서

=x-(20-y)=(x+y)-20

=26-20=6

이 되어 이것은 그룹 나누기의 방법과 관계없음을 보여 주고 있다. 이 차이는 또

A그룹의 인원수 x+(30-x)=<u>30</u>에서

여자의 총수 (20-y)+(30-x)=<u>24</u>를 뺀 것이 된다.

예제 14. 겹치는 부분의 넓이는?

1변의 길이 10㎝인 정사각형의 종이가 2매 있다. 그림처럼 한쪽 정사각형의 꼭짓점의 하나를 다른 쪽 정사각형의 중심에 놓을 때 겹치는 부분(빗금의 부분)의 넓이는 얼마일까?

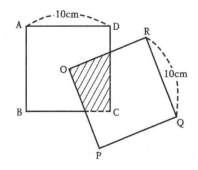

2매의 정사각형을 놓는 방법이 여러 가지 있는데도 넓이가 나오는 것은 놓는 방법과 관계없이 일정하기 때문임에 틀림없다고 추측할 수 있다. 만일 이 추측이 올바르면 오른쪽의 그림에서 OP⊥BC가 되도록 놓아 보면 알기 쉬울 것이다.

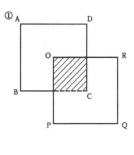

이때의 답은 정사각형의 1/4이고 25㎠이다.

그래서 이 추측이 올바르다는 것을 증명해 두지 않으면 안 된다.

152

그림 ②에서

△OTV≡△OSU(두 각과 그 꼭짓점 사이의 변이 같다)이므로 사각형 OUCV=사각형 OSCT=정사각형 ABCD×1/4이 된다. 그림 ③의 경우에 대해서도 마찬가지의 것이 성립한다.

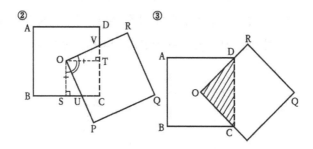

(주) 조금 심술궂지만 이러한 경우, 예컨대 그림 ②에서 OU=6㎝를 주어 이에 연연하면 오히려 번거로워지도록 하는 방법도 없지는 않다.

여기서 M. 가드너가 『Scientific American』에 게재한 문제 (『퍼즐과 문제』 문제 37)를 들어 둔다. 가드너는 "쉽다"라고 거듭 다짐하고 있는데 그것이 힌트라고도 할 수 있을 것 같다.

겹친 부분의 넓이는?

1변의 길이 3㎝인 정사각형의 종이가 있다. 그 위에 1변의 길이 4㎝인 정사각형의 종이를 포개는데 종이의 한 모퉁이를 처음 종이의 중심 O에 맞도록 놓는다. 놓는 방법은 다음의 그림으로 알 것이다.

그러면 겹친 부분(그림의 빗금 부분)의 넓이를 구하여라.

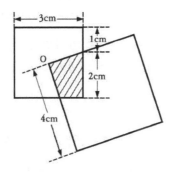

(답 2.25㎠)

154

예제 15. 듀도니 '농부 와르제르의 문제'

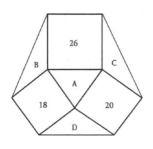

농부 와르제르는 그림과 같은 3개의 정사각형의 토지를 가지고 있었다. 넓이는 각각 18, 20, 26에이커이다. 그는 자기의 토지를 통합된 형태로 하려고 생각하여 사이에 끼인 4개의 삼각형의 토지를 매수하였다. 이것으로 그의 토지의 넓이는 얼마가 되었을까?

[『퍼즐의 임금님 (1)』 문제 19]

듀도니의 문제는 특수한 경우를 다루면서 아무렇지도 않은 듯하게 서술되어 있어 일반의 문제처럼 느끼게 하는 마력을 갖추고 있는 데에 놀라는 일이 흔히 있다. 이 문제도 그 전형적인 것이다.

"또 하나 토지의 문제를 출제하자. 답은 나중에 주지만 그 증명이 재미있고 실로 간단하다"라고 서론을 말하고 이 문제가 제출된다. 이 근처에 그 걸려들게 하는 퍼즐적인 정취를 느끼게 하려는 것 같다. 먼저 듀도니의 해답을 보자.

"전체 소유하고 있는 토지의 넓이는 100에이커이다. 이 답을 찾아내기 위해서 나는 공식* [해설의 (주)를 참조]

$$\frac{1}{4}\sqrt{4ab-(a+b-c)^2}$$

을 사용하였다. 여기서 a, b, c는 3개의 정사각형의 넓이다(순서는 상관없다). 위의 식은 삼각형 A의 넓이를 주는데 그것은 9

에이커가 된다. A, B, C, D의 삼각형이 모두 같은 넓이라는 것
은 쉽게 증명할 수 있으므로 결국 답은 다음과 같이 된다.

26+20+18+9+9+9+9=100에이커

라고 일단 일반적으로 풀고 있다. 그리고 실은, 이라는 식으로
이 문제의 특수한 경우임을 이용한 다음과 같은 내막을 공개하
는 것이다.

"그림의 점선으로 둘러싸인 작은 정사각형이 1에이커를 나타
낸다면 5의 제곱과 1의 제곱의 합은 26, 4의 제곱과 2의 제곱
의 합은 20, 3의 제곱과 3의 제곱의 합은 18이므로 이것이 이
토지의 올바른 설계도이다.

그런데 삼각형 E의 넓이가 $2\frac{1}{2}$이고 F가 $4\frac{1}{2}$, G가 4라는 것

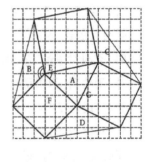

은 바로 알 수 있다. 이들의 합은 11
이 되고 직사각형(넓이 20)에서 이것을
빼면 A의 넓이가 9에이커라는 것을
알 수 있다.

B, C, D 등의 삼각형이 A와 같은
크기라는 것을 증명하려면 각 삼각형
의 최대 변의 중점(中点)과 그 변에 대
응하는 각의 꼭짓점을 연결하고 삼각형을 이분해서 이 2개의
부분을 바꿔 배열하면 A와 똑같은 삼각형을 만들 수 있음을 보
여 주면 된다."

라 하고 있다. 삼각형 A와 삼각형 B의 넓이가 같다는 것을 확
인하는 데 역시 듀도니답게 삼각형을 잘라서 이어 맞추고 있는
데 이 책의 독자에게는 다음과 같이 하는 편이 알기 쉬울지도
모른다.

156

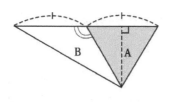

A의 삼각형과 B의 삼각형은 2
변이 각각 같고 그 사이에 두는
각이 서로 보각(補角)으로 되어 있
으므로 넓이는 같아진다(옆의 그림
처럼 놓을 수 있어 밑변이 같고 높이
가 공통이므로).

일단 내막을 공개하였는데 한마
디 더 부가하면 이 문제는 처음에
모눈종이에 4×5의 직사각형을 그
리고 옆 그림처럼 삼각형을 그려
넣어 이 삼각형의 3변을 각각 변
으로 하는 정사각형을 삼각형의

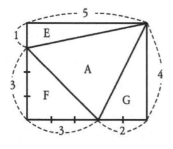

바깥쪽에 그려서 정사각형의 꼭짓점을 차례로 연결하여 처음의
직사각형을 지워 버려 만든 것이다. 그래서 A의 삼각형 주위에
이 직사각형을 잘 복원하면 삼각형의 꼭짓점이 직사각형의 변
을 정수의 길이로 나눌 수 있도록 하는 것이 가능해져 깨끗이
풀린다는 것이다. 특수한 경우이므로 가능한 일이다.

이와 같이 특수한 경우에 대해서 문제를 만들어 두면서 그
내막을 보이지 않도록 지워 버려 일반적인 방법으로 번거로운
계산을 하는 사람이 있으면 내막을 공개해 보여서 놀라게 하려
는 것이다. 그래서 퍼즐이 된다. 듀도니 퍼즐관(觀)의 일단을 볼
수 있어 재미있다. 답이 정수가 되는 것의 내막도 이 설계도에
있음을 알 수 있을 것이다.

(주) 듀도니의 풀이의 처음에 나온 공식을 유도해 두자.

△PQR의 넓이를 S라 하고, Q에서 변 PR에 그은 수선의 길
이를 h라 하면

$$S = \frac{1}{2}qh \ \cdots\cdots \ (1)$$

넓이를 p, q, r로 나타내려면 먼저 h를 p, q, r로 나타낸다.

$x^2 = p^2 - h^2$

$y^2 = r^2 - h^2$

$x^2 - y^2 = p^2 - r^2$

$(x+y)(x-y) = p^2 - r^2 \ \cdots\cdots \ (2)$

$x + y = q \ \cdots\cdots \ (3)$

이므로 (2), (3)으로부터

$$x - y = \frac{p^2 - r^2}{q} \ \cdots\cdots \ (4)$$

(3)과 (4)로부터 $x = \dfrac{p^2 + q^2 - r^2}{2q}$

그러므로

$$h^2 = p^2 - x^2 = p^2 - \frac{(p^2+q^2-r^2)^2}{4q^2} = \frac{4p^2q^2 - (p^2+q^2-r^2)^2}{4q^2}$$

그러므로 $h = \dfrac{\sqrt{4p^2q^2 - (p^2+q^2-r^2)^2}}{2q}$

(1)에 대입해서

$$S = \frac{1}{4}\sqrt{4p^2q^2 - (p^2+q^2-r^2)^2}$$

$p^2 = a$, $q^2 = b$, $r^2 = c$이므로

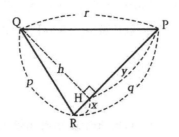

$$S = \frac{1}{4}\sqrt{4ab - (a+b-c)^2}$$

이 문제에서는 a=18, b=20, c=26이라 해도 좋으므로

$$S = \frac{1}{4}\sqrt{4 \times 18 \times 20 - (18 + 20 - 26)^2} = \frac{1}{4} \times 36 = 9$$

이다.

문제 34. 두 종류의 사례인가?

A와 B의 봉투에는 어느 쪽도 5,000원권과 10,000원권의 2종이 10매씩 들어가 있다. 양쪽의 금액이 같은지 아닌지, 또 어느 쪽이 얼마 많은가는 일절 모른다. 다만 A, B의 합계가 140,000원이라는 것은 알고 있다. A 속의 5,000원권은 B 속의 10,000원권보다 몇 매 많을까?

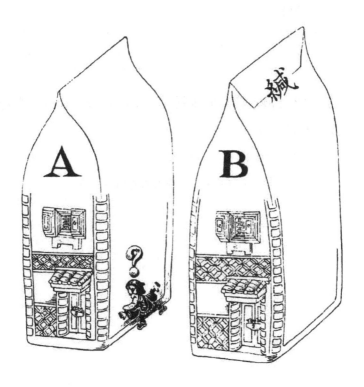

해답. 2매 ▬▬▬▬▬▬▬▬▬▬▬▬▬▬▬▬▬▬

5,000원권과 10,000원권의 총수는 20매이고, 금액은 140,000원이므로 5,000원권이 12매와 10,000원권이 8매라는 것은 쉽게 알 수 있다.

따라서 답은 봉투에 들어가 있는 지폐의 총수 10매에서 10,000원권의 총수 8매를 빼서 얻어진다.

그 이유는 〈예제 13〉을 참조하기 바란다. 그때 다음의 표와 식이 도움이 될 것이다.

	A	B	계
5,000권	x	y	12
10,000권	10-x	10-y	<u>8</u>
계	<u>10</u>	10	20

(A 속의 5,000원권의 매수)-(B 속의 10,000원권의 매수)

$=x+(10-y)$

$=x+(10-x)-\{(10-y)+(10-x)\}$

=(A의 지폐의 총수)-(10,000원권의 총수)

문제 35. 원형 트랙

　2개의 동심원 사이에 끼인 트랙의 넓이를 구하려고 하는데 그림과 같이 내부의 원에 접하는 바깥쪽 원의 현 AB를 측정하였다. 그 길이는 20m였다. 이것만 알면 나머지는 계산으로 구할 수 있다는 것을 알고 있기 때문이다.

　트랙의 넓이는 얼마일까?

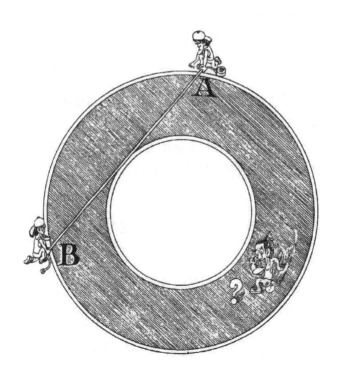

해답. 100π㎡ ━━━━━━━━━━━━━━━━━

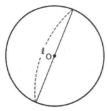

동심원의 바깥쪽 원, 안쪽 원의 반지름을 각각 R, r, 현의 길이를 ℓ (=2a)이라 한다. 동심원의 한쪽, 예컨대 안쪽 원의 반지름 r 는 여러 가지 생각할 수 있는데도 그 반지름의 크기에는 관계가 없다는 것이다.

그래서 r=0의 경우를 취해 본다. 이때 현의 길이 ℓ 은 원 O의 지름의 길이가 되고 2개의 원 사이에 끼인 부분의 넓이는 이 원 O 전체의 넓이가 된다.

즉 동심원 사이에 끼인 트랙의 넓이는 안쪽 원에 접하는 바깥쪽 원의 현을 지름으로 하는 원의 넓이와 같아져서 트랙의 넓이는 다음의 식으로 얻을 수 있다.

$$\pi \times \left(\frac{\ell}{2}\right)^2 = \pi \times 10^2 = 100\pi(㎡)$$

(주) 이것으로 정답은 나오지만 정말 그렇게 된다는 것을 확인해 두려고 한다.

현 AB와 내부 원의 접점을 C라 하면 ∠OCA=∠R이므로 직각삼각형 OAC에서 세제곱의 정리로부터

$$R^2 - r^2 = a^2 \quad \cdots\cdots (1)$$

그런데 2개의 원 사이에 끼인 부분의 넓이를 S라 하면

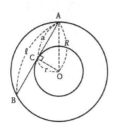

$$S = \pi R^2 - \pi r^2 = \pi(R^2 - r^2) \quad \cdots\cdots (2)$$

이므로 이것에 (1)을 대입해서

$$S = \pi a^2 = \pi \times \left(\frac{\ell}{2}\right)^2 = \frac{1}{4}\pi\ell^2$$

이 된다. 즉 S는 ℓ 의 길이로 결정된다.

문제 36. 구에 구멍을 뚫은 링

　구를 도려내서 만든 구멍이 원기둥형으로 되어 있다. 그 원기둥의 높이는 6㎝였다. 이때 나머지의 구상(球狀) 링의 부피는 얼마인가?

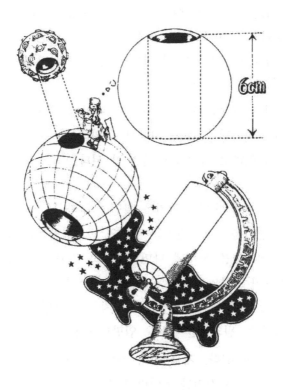

164

해답. 36π㎤

M. 가드너는 『Mathematical Puzzles Diversions』[1959년, 가나자와요(金澤養) 옮김, 『현대의 오락수학』 1960]에서 "『Astounding Science Fiction』의 편집자 존. W. 캠벨, Jr.는 이 구체(球體) 문제를 다음과 같이 교묘한 추리로 재빨리 푼 몇 사람 중의 한 사람이었다"라고 그 추리를 기록하고 있다.

"이 문제가 유일한 답을 갖는 것이 아니면 이러한 형태로 제출될 리가 없다. 만일 유일한 답을 갖는 것이라면 그 부피는 구멍의 반지름이 가령 제로가 되어도 보존되는 일정량임에 틀림없다. 따라서 나머지 구상 링의 부피는 길이 6㎝(구에 뚫려 있는 원기둥형의 구멍의 높이)의 지름을 갖는 구의 부피, 즉 36π㎤와 같지 않으면 안 된다."

추측이나 예상은 인간이니까 그 특권이 있고 많은 경우 중요하고 유효하지만 그것을 사용하기 위해서는 사전에 실제로 그 사실을 확인하고 나서가 아니면 안 된다.

위의 문제에 대해서 그것을 확인해 두자.

구의 반지름을 R, 원기둥 밑면의 반지름을 r라 한다. 빗금은 구에서 원기둥을 도려낸 나머지(정확히 말하면 높이 h의 원기둥과 위아래 모자 모양의 구 부분을 제거한 나머지)를 중심 O에서 위쪽으로 x㎝ 거리에 있는 평면으로 자른 절단면을 보여 주고 있다. 바깥쪽 원의 반지름은 입면도에서 알 수 있는 것처럼 $\sqrt{R^2-x^2}$ 이 된다. 지금 안쪽 원(원기둥의 절단면)에 접하는 바깥쪽 원의 현의 길이를 ℓ 이라 하면

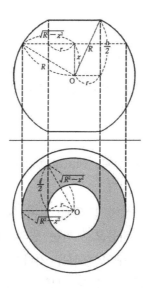

$$\ell = 2\sqrt{(R^2 - x^2) - r^2}$$

이다. 이때의 동심원 사이에 끼이는 빗금 부분의 넓이는 앞의
문제에서 보인 것처럼 ℓ 의 함수, 따라서 x의 함수여서

$$S(x) = \pi \times \left(\frac{\ell}{2}\right)^2$$

$$= \pi\{(R^2 - x^2) - r^2\}$$

$$= \pi\{(R^2 - r^2) - x^2\}$$

$$= \pi\left\{\left(\frac{h}{2}\right)^2 - x^2\right\}$$

그러므로 구의 나머지 부분의 부피를 V라 하면

$$V = 2\int_0^{\frac{h}{2}} S(x)dx = 2\pi\int_0^{\frac{h}{2}}\left(\frac{h^2}{4} - x^2\right)dx$$

이것을 계산하면

$$V = \frac{1}{6}\pi h^3 = \frac{4}{3}\pi\left(\frac{h}{2}\right)^3$$

즉, 처음 구의 반지름과 관계없고 원기둥의 높이를 지름으로 하는 구와 같은 부피이다.

(주) 새뮤얼 I. 존스의 『Mathematical Nuts』(1932)에 다음과 같은 수학 문제가 있다.

"2개의 동심원 사이에 끼인 링의 넓이는 안쪽 원에 접하는 바깥쪽 원의 현을 지름으로 하는 원의 넓이와 같다."

"지름 10인치의 구의 중심을 지나서 길이 6인치의 원기둥형 구멍을 도려내었다. 구의 몇 퍼센트가 남아 있을까."

이 장에서 언급한 것 같은 해법의 의외성이 부가되어 퍼즐화한 것은 그 뒤의 일이다.

문제 37. 반지름은 몇 센티미터?

반지름 10㎝의 원 O에 내접하는 삼각형 ABC를 그리기 바란다. 그 세 변 BC, CA, AB의 중점을 각각 L, M, N이라 할 때 이 세 점 L, M, N을 지나는 원 O′를 그리면 그 반지름은 몇 ㎝일까.

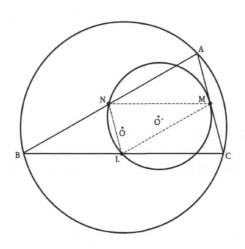

해답. 5cm ━━━━━━━━━━━━━━━━━━━━━━━

△ABC는 반지름 10cm의 원에 내접한다는 것만으로 삼각형 ABC의 크기나 형상은 여러 가지 있으므로 그것들에는 관계없이 답이 같아진다고 추측할 수 있다.

그래서 △ABC가 정삼각형의 경우에 대해서 생각하면 답의 예상이 설 것이다.

△ABC에 있어서 L, M, N은 각각 BC, CA, AB의 중점이므로

$$\left.\begin{array}{l} LM=\dfrac{1}{2}AB \\[2mm] MN=\dfrac{1}{2}BC \\[2mm] LN=\dfrac{1}{2}CA \end{array}\right\} \quad \text{[중점연결정리]}$$

가 되어

$$\triangle ABC \infty \triangle LMN \quad \text{상사비} \ \dfrac{1}{2}$$

이 성립한다. 따라서 △LMN 외접원의 반지름은 △ABC의 외접원 반지름의 $\dfrac{1}{2}$이다.

이 원에 내접하는 △ABC를 어떻게 취해도 그 외접원의 반지름은 10cm로 일정하므로 △LMN 외접원의 반지름은 10cm의 절반이고 답은 5cm가 된다.

문제 38. 농도가 다른 식염수

농도가 다른 2종의 식염수 A, B가 있다. A에서 30g, B에서 20g을 퍼내서 섞으면 6%의 식염수가 되고 퍼내는 중량을 교환해서 A에서 20g, B에서 30g을 퍼내서 섞으면 8%의 식염수가 된다는 것을 알고 있다. 이 2종의 식염수 A, B에서 같은 중량씩을 퍼내서 섞으면 몇 %의 식염수가 만들어질까?

해답. 언제든지 7%의 식염수가 만들어진다 ▬▬▬▬

만일 ⑴ A 30g, B 20g으로 6%(전량 50g)
　　 ⑵ A 20g, B 30g으로 8%(전량 50g)
의 식염수를 별도로 만들었다 하고 ⑴과 ⑵를 섞으면 (6+8)÷
2=7(%)가 된다. 이것은 또 A 50g, B 50g의 같은 양을 섞은 것
과 마찬가지이므로 A와 B에서 같은 무게(50g에 한정되지 않고)를
퍼내서 섞으면 언제나 7%의 식염수가 만들어지는 것이 된다.

(주) 이것은 퍼즐에 상당한 경륜이 있는 사람이 아니면 할 수
없는 풀이다. 그 이유는 ⑴, ⑵에서는 전량이 어느 쪽도 50g으
로서 같다는 것, 또 ⑴, ⑵를 섞을 때 A의 전량과 B의 전량이
모두 50g으로 같다는 것을 간파하지 않으면 안 되기 때문이다.

그런데 위의 풀이로서는 아직 충분하다고는 할 수 없다. 실제
로 이러한 일이 일어나는 식염수 A, B가 존재함을 확인하고 있
지 않기 때문이다.

"이 문제에서는 A, B 식염수의 농도를 각각 x%, y%라 하여
⑴, ⑵에 포함되는 식염의 중량을 나타내고 방정식을 만들어서
풀면 x=2, y=12가 된다. A는 2%, B는 12%이므로 실재함을
알 수 있다"가 된다.

덧붙여 말하면 "A, B 식염수의 농도를 어차피 낸다면 그것을
먼저 내고 나서 평균하여 (2+12)÷2=7(%)라 할 수 있는" 처음
의 풀이는 지름길을 간 생각이었고 실은 그렇지 않았다.

이 확인이 필요하다는 것은 위 문제의 ⑵에서 8%를 10%로
바꿔 보면 된다. (6+10)÷2=8(%)가 될 것 같지만 실제는 A가 -
2%, B가 18%가 돼서 실재하지 않는다.

문제 39. 어느 쪽이 얼마만큼 큰가

그림의 △ABC는 ∠B가 직각인 직각 이등변삼각형이다. 그림의 S_1과 S_2에서는 어느 쪽이 얼마만큼 클까. 치수는

　　AD=CE=4㎝

라는 것만을 알고 있다.

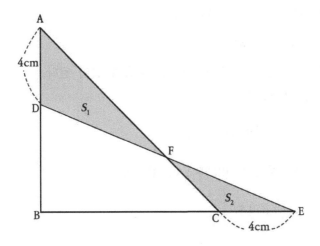

해답. S_1이 8㎠ 크다(AB의 길이와는 관계가 없다) ━━━━

△ABC의 크기가 주어져 있지 않으므로 AB의 길이는 4㎝보다 작지 않으면 몇 ㎝라도 괜찮을 것이라고 추측할 수 있다.

그래서 AB=4㎝라 하면 B와 D, C와 F가 일치하므로

$$S_1 = \triangle ABC = \frac{1}{2} \times 4 \times 4 = 8(㎠)$$

$$S_2 = 0$$

이 된다. 이것으로부터 일반적으로

$$S_1 - S_2 = 8(㎠)$$

일 것이라고 추측된다. 해답은 다음과 같이 된다.

AB=BC=a라 하면

$$S_1 + 사각형 \ DBCF = \frac{1}{2} a^2$$

$$S_2 + 사각형 \ DBCF = \frac{1}{2}(a+4)(a-4)$$

$$= \frac{1}{2}(a^2 - 16)$$

그러므로

$$S_1 - S_2 = \frac{1}{2} a^2 - (\frac{1}{2} a^2 - 8) = 8(㎠)$$

AB의 길이가 몇 ㎝(4㎝ 이상이라면)여도

$$S_1 - S_2 = 8(㎠)$$

이 된다.

문제 40. 당선 확실의 순간

어느 학교에서 3명의 학급위원을 선출하게 되었다. 후보자 7명에 대해서 학급의 45명이 1표씩 투표하여 결정하는 것이다. 개표 도중에 후보자의 1명이 당선 확실이라고 말할 수 있으려면 그 사람에게 몇 표가 나왔을 때일까?

174

해답. 득표수가 12표가 되었을 때

정원 3에 1을 더해서 그 4로 투표자 수 45를 나누면 정수의 몫 11이 된다. 그 11에 1을 더한 12가 그 사람의 당선 확실한 득표수이다.

그 이유는 만일 어떤 사람이 12표를 얻었는데도 불구하고 당선이 확실하지 않다면 그 사람 이외에 12 이상의 득표를 한 사람이 적어도 3명 있지 않으면 안 된다. 그 경우는 전부의 투표수가

$$\underset{\substack{| \\ \text{이 사람의} \\ \text{득표}}}{12} \quad + \quad \underset{\substack{| \\ \text{다른 세 사람의} \\ \text{득표}}}{12 \times 3} \quad = \quad 48 \text{ 이상}$$

있는 것이 되어 투표자가 45명이라는 조건에 반한다. 따라서 적어도 제3위의 당선은 확실하게 되는 셈이다.

11표를 얻어서는 그 밖에 12표, 11표, 11표를 득표하는 경우가 있을 수 있으므로 그 단계에서 당선 확실이라고는 말할 수 없다.

또한 후보자가 3명 이하의 경우는 투표를 기다리지 않고 당선 확실한 것은 물론이다.

후보자가 4명 이상의 경우는 그 인원수에 관계없이 12표를 얻으면 당선 확실이라 할 수 있다. 문제에 '후보자 7명에 대해서'라고 한 것은 후보자가 4명 이상으로 되어 있음을 나타내는 데 도움을 주기 위해서이다. 후보자 수 7에 연연할 필요는 없는 것이다.

일반적으로 정원 m명이고 투표자 n명의 경우 후보자가 m명보다 많은 경우는 어떤 사람이 당선 확실이라고 할 수 있는 득표수는

$$\left[\frac{n}{m+1}\right]+1$$

이다.

$\left[\dfrac{n}{m+1}\right]$ 은 $\dfrac{n}{m+1}$ 을 초과하지 않는 최대의 정수를 나타낸다.

[ ]를 가우스의 기호라 하고 [x]는 x를 초과하지 않는 최대의 정수를 나타낸다(〈예제 5〉 참조).

어떤 사람이

$$\left[\frac{n}{m+1}\right]+1표$$

를 얻었음에도 불구하고 당선이 확실하지 않다면 그 밖에

$$\left[\frac{n}{m+1}\right]+1표$$

이상의 득표를 한 사람이 적어도 m명은 있지 않으면 안 된다. 그러면 전부의 투표 수가

$$\left\{\left[\frac{n}{m+1}\right]+1\right\}+\left\{\left[\frac{n}{m+1}\right]+1\right\}\times m \text{ 이상}$$

$$>\frac{n}{m+1}\times(m+1)=n$$

즉 투표 수 n이라는 조건에 반한다.

따라서 적어도 제m위의 당선은 확실한 것이 된다.

$$\left[\frac{n}{m+1}\right] \text{표}$$

를 얻어서는 그 단계에서 당선 확실이라고 말할 수 없는 것은 위와 마찬가지로 하여 증명된다.

$$n=(m+1)q+r \ (0 \leqq r < m+1)$$

이라 하면

$$\left[\frac{n}{m+1}\right] = q$$

가 된다. 이때 이 사람에게 q표가 나왔을 때, 그 밖의 사람에게 (q+1)표가 r명, q표가 (m-r)명의 경우가 일어날 수 있다. 그 이유는

$$q, \quad \underbrace{q+1, \ q+1, \ \cdots\cdots, \ q+1,}_{\substack{\text{r명}}} \quad \underbrace{q, \ q, \ \cdots\cdots, \ q}_{\substack{\text{(m-r)명}}}$$

이 사람의 득표

이 총 득표수가 다음과 같이 되기 때문이다.

$$q+r(q+1)+(m-r)q=(m+1)q+r=n$$

이 경우 이 사람이 당선 확실이라고 말할 수 없는 것은 명백하다. 물론 q표보다 적은 표로는 당선이 확실하다고는 할 수 없다.

수학은 서툴다

 1979년 10월 8일 자 아사히신문 『天聲人語』에 당선 확실한 표수를 내는 것에 관해서 "유효 투표 수를 정수(定數, 정해진 수) 플러스 1로 나누면 된다고 한다. 수학이 서툰 필자 등은 왜 '플러스 1'이 필요한가라고 생각하는데(후략)"라는 기술이 있다.

 '정수 플러스 1'의 의미는 앞의 문제에서 해설한 대로지만 여기에 조금 마음에 걸리는 말이 있다. "수학이 서툰 필자 등은 ……"이다. 말할 것도 없이 『天聲人語』는 대대로 제1급의 논설위원 여러 사람에 의해서 이어져 써 온 것이다. 일반적으로 문화인으로서 "피카소는 모른다"라고 당당히 말하는 사람은 적으나 "수학은 서툴다"라고는 태연하게 말하는 사람이 많다. 어째서일까?

문제 41. 예비 타이어의 안전한 개수

A군은 27,000㎞의 자동차 여행을 떠나게 되었다. A군이 애용하는 자동차에 4개의 차륜이 붙어 있는데 출발에 즈음해서 전부 검사필의 새 타이어로 바꿨다. 그러나 이 새 타이어는 18,000㎞ 보증부이다. 그 이상의 책임을 질 수 없다는 것이다.

그러면 A군은 검사필의 새 예비 타이어를 몇 개 가지고 가면 안심하고 여행을 계속할 수 있을까. 가급적 적게 하려는 것은 물론이다.

해답. 2개로 된다 ▬▬▬▬▬▬▬▬▬▬▬

최초의 9,000km, 중간의 9,000km, 최후의 9,000km로 나눠서 이것을 각각 Ⅰ, Ⅱ, Ⅲ이라 한다. 앞바퀴 (1), (2), 뒷바퀴 (1), (2)는 처음에 붙인 타이어이다.

	Ⅰ 9,000km	Ⅱ 9,000km	Ⅲ 9,000km
앞바퀴	앞바퀴 (1)	앞바퀴 (1)	예 비 (1)
	앞바퀴 (2)	앞바퀴 (2)	예 비 (2)
뒷바퀴	뒷바퀴 (1)	예 비 (1)	뒷바퀴 (1)
	뒷바퀴 (2)	예 비 (2)	뒷바퀴 (2)

앞바퀴에서는 Ⅱ에서 Ⅲ으로 이동할 때 Ⅰ, Ⅱ에서 완전히 사용하고 나서 예비 타이어로 바꿔 단다.

뒷바퀴에서는 Ⅰ에서 Ⅱ로 이동할 때에 완전히 사용하기 전에 예비 타이어로 교체하고 처음의 뒷바퀴는 떼어서 운반한다. 그리고 Ⅱ에서 Ⅲ으로 이동할 때 예비의 (1), (2)를 앞바퀴에 옮겨 바꾸고 그다음에 처음의 뒷바퀴를 다시 사용하기로 한다. 예비의 타이어를 뒷바퀴에서 앞바퀴로 옮겨 바꾸는 부분이 이 퍼즐의 요점이라 할 수 있다.

(최소 개수라는 것에 대한 증명) 4륜으로 27,000km를 달리므로 1륜으로 말하면 연 27000×4=108,000km가 된다. 보증은 1개에 대해서 18,000km이므로 108000÷18000=6, 즉 6개의 타이어가 필요하다. 따라서 예비 타이어 2개로 되는 위의 풀이는 타이어의 개수가 최소의 것임을 알 수 있다.

문제 42. 정사각형으로 둘러싸인 토지 Ⅰ

　다음 그림의 3개의 정사각형으로 둘러싸인 삼각형의 넓이는 얼마인가. 정사각형 안의 숫자는 각 정사각형의 넓이를 나타내고 있다.

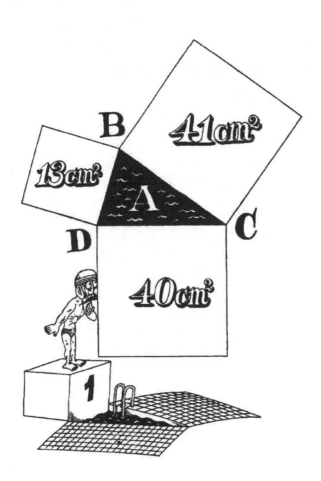

해답. 11㎠ ━━━━━━━━━━━━━━━━━━━━

정사각형의 넓이 40, 41, 13㎠가 각각

$$40=2^2+6^2, \quad 41=4^2+5^2, \quad 13=2^2+3^2$$

이라는 것을 알아채면 편하게 풀 수 있을 것이다. 5×6 직사각형을 그려서 그림과 같이 나눔점을 연결하면 그때에 만들어지는 삼각형의 세 변은 처음 삼각형 A의 세 변과 각각 같아져 합동이다. 따라서 이 그림은 처음 도형의 설계도이다.

결국 이것도 듀도니의 문제와 마찬가지로 특수한 경우라 할 수 있을 것이다.

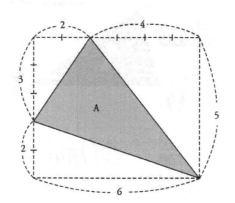

문제 43. 정사각형으로 둘러싸인 토지 Ⅱ

다음 그림의 빗금 부분의 넓이를 구하여라. 이 삼각형은 그림
에 보인 넓이의 정사각형으로 둘러싸여 있다.

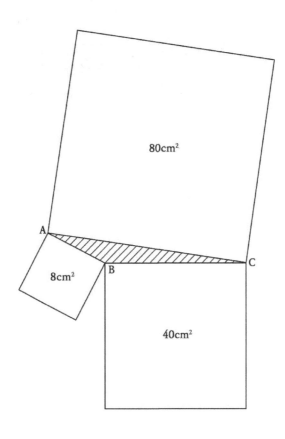

184

해답. 4㎠

이 도형의 설계도는 그림과 같이 된다.

이번에는 직각삼각형의 내부에 △ABC를 놓고 생각한 형태로 되어 있음을 알 수 있다.

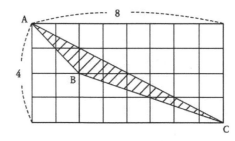

문제 44. 각의 크기는 얼마?

그림의 평행사변형 ABCD에서 각 x, y의 크기는 얼마인가?

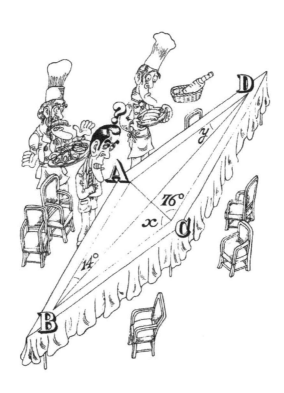

186

해답. ∠x=76°, ∠y=14° ━━━━━━━━━━━━━━━

평행사변형의 대각선이 직교(直交)함을 발견하여 이 평행사변형이 마름모꼴이라는 것을 파악하는 것이 열쇠로 되어 있다.

V. 도형의 분할

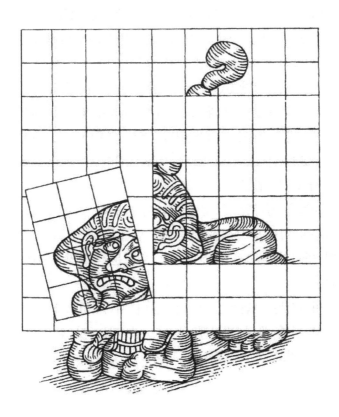

 독창과 퍼즐

퍼즐을 만들려면 독창성이 요구된다. 그러나 지금까지 누구도 만들 수 없었던 천하일품 같은 것은 그렇게 쉽사리 만들 수 있는 것은 아니다.

새로운 퍼즐에는 2가지가 있다고 생각한다. 즉 (A) 문제가 새로운 것, (B) 해답에 새로움이 있는 것으로 나뉜다. 지금 여기에 어떤 문제가 있고 그것은 대수로 풀 수 있으나 번거롭게 에둘러서 하는 해답이라고 하자. 그것을 '퍼즐적으로 싹 푸는' 방법이 생각났다고 하면 그 문제는 "새로운 퍼즐의 문제"가 되는 것이다. 이러한 것은 그다지 높이 평가되어 있지 않은 것 같으나 퍼즐의 한 요소라 생각해도 되는 것이 아닐까.

거듭 덧붙이면 (A)도 (B)도 둘로 나눌 수 있다. 그것은 (a) 완전히 오리지널인 것과 (a′) 이미 알려져 있으나 개량을 한 것, 마찬가지로 (b)와 (b′)가 된다. 어느 경우에도 (a), (b)를 목표로 하는 것보다 (a′), (b′)를 생각하는 편이 잘 되고 그러는 동안에 (a)나 (b)를 발굴하게도 될 것이다.

사물을 생각할 때 전제로서 이미 알려진 지식을 일단 이해한 다음이 아니면 오리지널인 것을 만들어 낼 수 없다. 오리지널인지 아닌지도 모르기 때문이다. 이것은 퍼즐의 세계도 마찬가지다.

여기서는 고전적인 퍼즐을 많이 채택하였으나 고전을 고전으로서 함께 묻혀 버리게 해서는 안 되는 것 같은 '아이디어'를 소개하려고 생각한다.

예제 16. 도형의 분할

유명한 분할 퍼즐 두 문제를 채택하자.

(1) 그림과 같이 (1×2) 직사각
형의 종이에서 그 1/4에
해당하는 한 모퉁이를 잘
라 내어 사다리꼴을 만들
었다. 이 사다리꼴을 4개의
같은 형태, 같은 크기로 분
할하여라(『퍼즐의 임금님 (
I)』 문제 146).

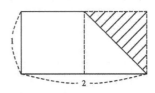

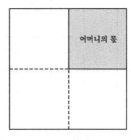

(2) 정사각형의 토지가 유산으
로서 어머니와 4명의 자식
에게 나뉘게 되었다. 유언에 따르면 "어머니에게는 그림과
같이 이 토지의 1/4에 해당하는 한 모퉁이의 정사각형을
주고 그 나머지를 같은 형태, 같은 크기의 4개의 부분으
로 나눠서 그 1개씩을 자식들의 노느몫으로 하지 않으면
안 된다"라는 것이다. 모두 이에 동의하였으나 그러면 어
떻게 나누면 될까?

---

(1) 먼저 다음 그림과 같이 같은 형
태, 같은 크기의 12개의 부분으로
나눈다. 이 12개는 처음의 사다리
꼴의 (3×4)분의 1이고 용이하게

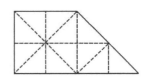

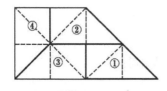

4등분 할 수 있도록 한 합동인
단위 도형이다. 그래서 분할하는
각 부는 이 12개 중에서 3개씩
취하여 같은 형태를 만드는 것을
생각하면 된다.

①은 필연적으로 취하지 않으
면 안 된다. 이에 수반해서 그
밖의 노느몫은 ①과 합동이라는
것으로부터 ②~④가 한결같이 결
정된다.

(2) 12개의 작은 정사각형을 단위로 하여 3개씩 취하는 것을
생각한다. 1열로 늘어선 3개는 취할 수 없음을 바로 알 수
있을 것이다.

예제 17. 정육각형에서 정사각형으로

1개의 정육각형을 5개의 다각형으로 분할하여 1개의 정사각형으로 조립하여라.

어려운 문제이다. 해답의 I은 듀도니가 1901년 8월호의 『Weekly Dispatch』에 처음 발표한 것이다〔『H. E. 듀도니—퍼즐 걸작집』, M. 가드너 편, 후지무라 고자부로 역주)〕.

Ⅰ. 먼저 정육각형을 대각선으로 절반으로 자르고 그것을 바꿔 이어서 평행사변형 ABCD를 만든다. 다음으로 DC의 연장선 상에 점 E를 취하여 CE를 높이 CF와 같아지도록 한다. 다음으로 DE의 중점 G를 중심, 반지름 GE의 반원과 C를 지나고 DE에 그은 수선과의 교점을 H라 한다.

그러면 CH는 DC와 CE의 비례중항(中項), 즉 DC, CF를 2변으로 하는 직사각형과 넓이가 같은 정사각형의 1변이다. 따라서 CH는 조립하여야 할 정사각형의 1변의 길이가 된다.

C를 중심, CH를 반지름으로 하는 원과 DC를 지름으로 하는 반원의 교점을 J라 한다. CJ, DJ를 긋고 DJ상에 점 L을 취해서 JL을 JC와 같아지도록 하면 정사각형의 세 꼭짓점이 결정된다.

그다음은 설명할 것도 없을 것이다.

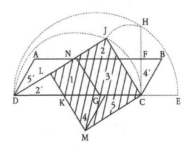

그런데 M. 가드너는 "듀도니의 이 풀이는 그것보다 이전에 폴 바슙에 의해서 이미 발견되어 있었다. 그것은 브뤼셀에서 발행된 『신수학 소식』(1875)에 나와 있었다"라는 것을 빅터 메어리가 알려 주었다고 주기하고 있다.

M. 크래치크는 그의 저서 『Mathematical Recreations』(1943)에 다음과 같은 풀이를 싣고 있다. 결과에 있어서는 위와 같아지지만 작도의 과정이 일부 다르기 때문에 소개해 둔다.

II. 먼저 정육각형을 그 외접원의 지름에 해당하는 대각선을 따라 절반으로 절단하고 그림에 보여 주는 것처럼 그 두 조각을 바꿔 배열해서 평행사변형 ABFE를 만든다.

다음으로 점 G를 BF상에 취하고 AG가 별도로 구한 이 평행사변형의 밑변 AE와 그것에 대응하는 높이의 비례중항(즉 이 평행사변형과 같은 넓이의 정사각형의 1변)의 길이가 되도록 한다(I. 참조).

E에서 직선 AG에 수선 EL을 긋고 EL과 BF의 교점을 H라 한다. 다음으로 LA상에 점 I를 취하여

LI = LE

가 되도록 하고 I에서 직선 AG에 수직인 직선을 그어 AE와의 교점을 K라 한다. AG, EH 및 IK를 따라 절단하여 그림과 같이 조립한다.

조립하여 만들어지는 정사각형의 변의 길이를 k로 나타낸다.

I.에서는 CJ=k이고 ∠DJC=∠R가 되도록 J를 취하고 다음으로 JD상에 점 L을 취하여 JL=k가 되도록 하였다. 이때 DJ와

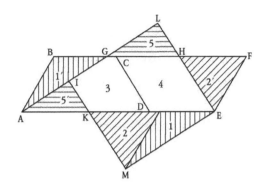

AB의 교점을 N이라 하면 DN=k가 되는 것을 증명하지 않으면 안 된다.

II.에서는 변 BF상에 점 G를 취하여 AG=k가 되도록 하고 E에서 직선 AG에 수선 EL을 그었다. 이때 EL=k가 되는 것을 증명하지 않으면 안 된다.

(증명) I.에 대해서

정육각형의 1변의 길이를 a라 한다.

DC=3a, CJ=k〔작도〕

이므로 △JDC(∠J=∠R)에서

$$\sin\theta = \frac{k}{3a}\ (\theta \text{는 } \angle JDC \text{의 크기})$$

정육각형의 넓이는

(1변 a인 정삼각형)×6= $\dfrac{3\sqrt{3}}{2}a^2 = k^2$ …… (1)

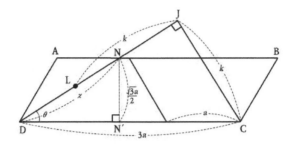

$$\sin^2\theta = \frac{k^2}{9a^2} = \frac{3\sqrt{3}}{2}a^2 \div 9a^2 = \frac{\sqrt{3}}{6} \quad \cdots\cdots \text{ (2)}$$

N에서 DC에 그은 수선의 발을 N′라 하면

$$NN' = \frac{\sqrt{3}}{2}a$$

DN=x라 하면

$$x\sin\theta = \frac{\sqrt{3}}{2}a$$

$$x^2\sin^2\theta = \frac{3}{4}a^2$$

[(2)와 (1)에서]

$$x^2 = \frac{3}{4}a^2 \div \sin^2\theta = \frac{3}{4}a^2 \div \frac{\sqrt{3}}{6} = \frac{3\sqrt{3}}{2}a^2 = k^2$$

그러므로 x=k가 된다.

(증명) II.에 대해서 아래 그림에서 ∠GAE=α라 하면

$$\sin\alpha\frac{\sqrt{3}}{2k}a, \quad \sin^2\alpha = \frac{3}{4k^2}a^2$$

또, 평행사변형의 넓이로부터

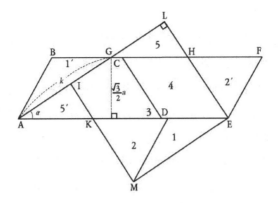

$$k^2 = 3a \times \frac{\sqrt{3}}{2}a = \frac{3\sqrt{3}}{2}a^2 \quad \cdots\cdots (3)$$

이것으로부터

$$a^2 = \frac{2}{3\sqrt{3}}k^2 = \frac{2\sqrt{3}}{9}k^2 \quad \cdots\cdots (4)$$

그러므로

$$\sin^2\alpha = \frac{3}{4} \times \frac{2\sqrt{3}}{9} = \frac{\sqrt{3}}{6} \quad \text{[(4)를 대입]}$$

그래서

$$EL = AE \sin\alpha = 3a \times \sin\alpha$$

$$EL^2 = (3a)^2 \times \sin^2\alpha = (3a)^2 \times \frac{\sqrt{3}}{6} = \frac{3\sqrt{3}}{2}a^2 = k^2 \quad \text{[(3)]}$$

그러므로 EL=k가 된다.

196

별해의 출현

이상으로 끝나는 것이라면 아무것도 특별히 내세워 여기서 논할 것까지도 없지만 전적으로 별해가 뜻밖에도 나타난 것이다. 뜻밖의 별해의 출현을 볼지도 모른다는 것, 이러한 때에 풀이가 개량되는 가능성을 내포하는 것이 퍼즐의 매력을 배증시키는 좋은 예라 할 수 있을 것이다.

도형을 잘라 잇는 문제에 대해서 오스트레일리아의 해리 린드그렌의 훌륭한 연구가 있다. 그의 『Geometric Dissection』(1972)은 그 집대성이다. 그 안에 상기 「정육각형에서 정사각형으로 잘라서 잇는 문제」의 별해가 나타난 것이다.

(작도) 그림의 정육각형 ABCDEF에서 하나의 대각선 BF를 긋고 그 위에 점 G를 취하여 DG=k(정육각형과 같은 넓이의 정사각형의 1변)가 되도록 하고 BC상의 임의의 1점 H에서 DG에 수선 HI를 긋는다(수선의 발 I가 선분 DG상에 오도록 한다. 즉 DG의 연장선상에 발이 오는 것을 피한다).

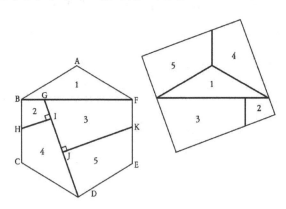

다음으로 EF상에 점 K를 취하여 FK=BH가 되도록 하고 K에서 DG에 수선 KJ를 긋는다(이때 HI+JK=k*).

DG, BF, HI, JK를 따라 절단하여 위의 오른쪽 그림과 같이 조립한다.

(*의 증명)

$$k^2 = \frac{3\sqrt{3}}{2}a^2$$

$$\sin\beta = \frac{3}{2}a/k$$

$$HI + JK = H'K = \sqrt{3}\,a\,\sin\beta$$

$$= \sqrt{3}\,a\frac{3a}{2k}$$

$$= \frac{3\sqrt{3}}{2}a^2/k$$

$$= \frac{k^2}{k} = k$$

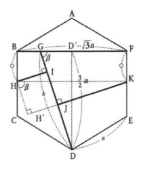

문제 45. 사다리꼴을 나누다

(1) 그림과 같이 정삼각형 3개로 만들어져 있는 사다리꼴 ABCD를 4개의 합동인 도형으로 분할하여라.

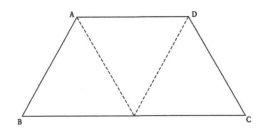

(2) 그림의 등각사다리꼴을 4개의 같은 형태, 같은 크기의 도형으로 분할하여라.

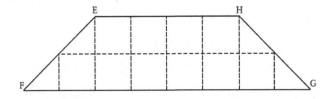

200

해답

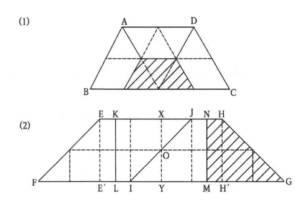

(1)

(2)

(2)의 사다리꼴은 작은 정사각형 12개로 구성되어 있으므로 4등분 한 하나는 작은 정사각형 3개분이 된다. 이 3개분을 취하는 방법은 위의 그림으로 명백하지만 다짐하기 위하여 말하면 EH, FG의 중점을 각각 X, Y, 선분 XY의 중점을 O라 하여 O를 지나고 EF에 평행인 직선 IJ로 절단하고 분리된 각각을 합동인 2개의 도형으로 분할해서 얻어진다.

이 작도에서 알 수 있는 것처럼 O를 지나고 EF에 평행인 직선이 등각사다리꼴의 위의 밑변 및 아래의 밑변(연장이 아니고)과 마주칠 때에는 일반의 등각사다리꼴에 적용할 수 있다.

(1)에 적용하면 왼쪽 그림과 같은 별해를 얻을 수 있다. 다만

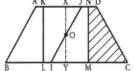

뒤집기의 합동이 포함된다.

뜻밖의 별해가 생겨서 놀라게 되는 것도 퍼즐의 즐거움의 하나이다.

문제 46. 3등분

3등분은 쉽지만 4등분은 어렵다고 하는 문제를 풀었다. 이번에는 4등분은 쉽지만 3등분은 어렵다고 하는 문제에 도전해 보지 않겠는가.

정사각형(예컨대 1변의 길이 9㎝의 정사각형)의 위 절반을 조금(예컨대 2㎝)만 오른쪽으로 옮긴 형태의 종이가 있다.

이것을 같은 형태, 같은 크기의 도형 4개로 분할하는 것은 쉽고 그 방법은 몇 가지라도 있다. 그래서 문제는 이것을 3개의 같은 형태, 같은 크기의 도형으로 분할한다고 하면 어떠할까 라는 것이다.

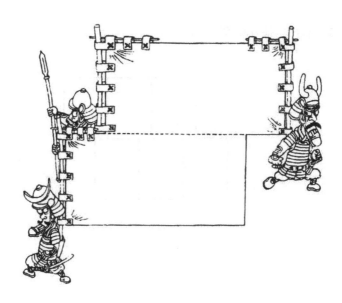

202

해답

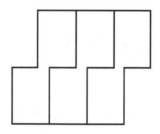

아래의 그림에서 정사각형의 1변의 길이는 a, 정사각형의 위 절반을 b만큼 오른쪽으로 옮긴 것이라 하자. b×3이 a보다 작지 않으면 안 된다는 것을 알 수 있다. 이러한 a, b에 대해서

$$x = \frac{a-3b}{3} = \frac{a}{3} - b$$

를 취하면 풀이를 얻을 수 있다.

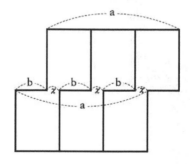

문제 47. 펜토미노 P의 분할

　같은 크기의 정사각형 5개를 변으로 이어서 만든 도형을 총칭하여 **펜토미노**라 하고 아래의 12종이 그것이다. 그 형태와 닮은 알파벳의 이름으로 부르는 일이 있다.

　그런데 그 안의 P를 같은 형태, 같은 크기의 5개의 도형으로 분할할 수 있는 것은 P의 성립으로부터 명백하지만

　⑴ 같은 형태, 같은 크기의 4개의 도형으로 분할하는 것

　⑵ 같은 형태, 같은 크기의 3개의 도형으로 분할하는 것은 조금 어려운 문제이다.

　(힌트) 정석의 원점으로 되돌아가라.

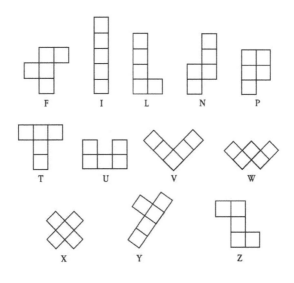

204

해답 ⑴ 분할하여도 P는 P ▬▬▬▬▬▬▬▬▬▬▬▬
　　⑵ P와 닮은 것 같으나 실은 아니다.

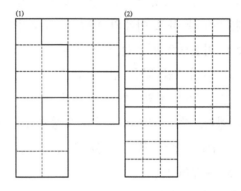

문제 48. T에서 X로

펜토미노 T를 출발점으로 한 문제이다.

그림의 T를 4개의 같은 형태, 같은 크기의 도형으로 분할하여 그것을 X로 바꿔 조립하기 바란다. 조각을 뒤집어도 괜찮은 것으로 한다.

해답

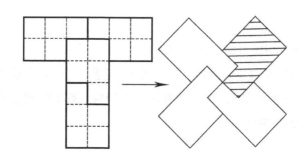

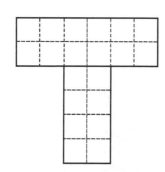

먼저 왼쪽 그림과 같이 4등분을 쉽게 할 수 있도록 20개의 작은 정사각형을 그려 보는 것이 요점이다. 그리고 작은 정사각형 5개로부터 만들 수 있는 그림을 생각하면 알 수 있다.

X의 빗금의 부분은 뒤집기로 되어 있다.

X, 즉 그리스 십자(정십자형) 쪽을 같은 형태, 같은 크기의 4개의 도형으로 분할하는 것을 생각하는 편이 알기 쉬울지도 모른다.

문제 49. T에서 P, F, I, L, U로

앞 문제의 방식으로 풀기 바란다.

그림의 T를 4개의 같은 형태, 같은 크기의 도형으로 분할해서 그것을 P, F, I, L, U로 바꿔 조립하여라. 조각을 뒤집어도 괜찮은 것으로 한다.

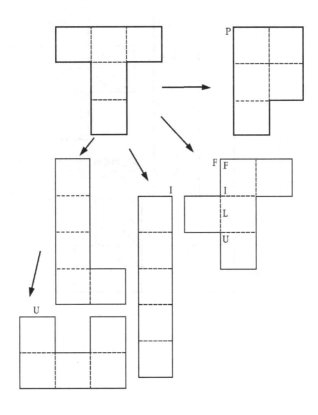

해답

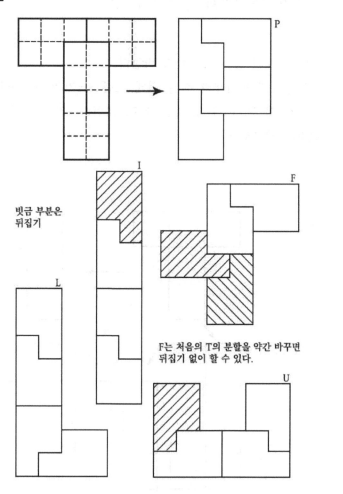

빗금 부분은
뒤집기

F는 처음의 T의 분할을 약간 바꾸면
뒤집기 없이 할 수 있다.

문제 50. 직사각형에서 정육각형으로

2변의 비가 $\sqrt{3} : 2$인 직사각형을 넓이가 같은 3개의 凸 다각형으로 분할하여 그것을 바꿔 배열해서 정육각형을 조립할 수 있을까?

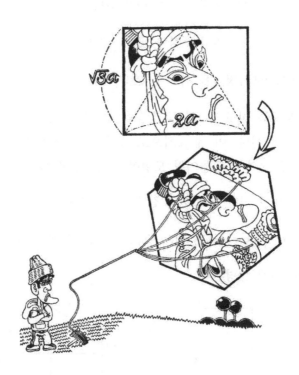

해답. 아래 그림처럼 3개로 분할하면 조립할 수 있다 ━━━━

앞 페이지의 그림처럼 1개의 정삼각형이 정확히 들어가는 직사각형을 만들면 2변의 비가 $\sqrt{3} : 2$가 된다.

(작도) 그림의 ①의 직사각형 ABCD의 2변의 길이를

$AB = \sqrt{3}\,a$, BC=2a

라 하고 직사각형의 중심을 O라 한다.

AB상의 1점 K를 취하여, $BK = \dfrac{1}{6}AB$

CD상에 1점 L을 취하여, $CL = \dfrac{1}{6}CD$

가 되도록 하고 AD의 중점 M을 취하면 OK, OL, OM이 절단의 선이 된다. 이 세 조각으로 그림 ②와 같이 조립한다.

그림 ②에서 만들어진 도형이 정육각형이 되는(내각이 어느 것도 120°가 되어 같고 변의 길이가 어느 것도 $\dfrac{2\sqrt{3}}{3}a$가 되어 같다) 것, 또 3개의 조각의 넓이가 어느 것도 $\dfrac{2\sqrt{3}}{3}a^2$이 돼서 같다는 것이 쉽게 증명된다.

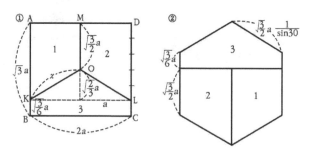

VI. 심술궂은 작도

퍼즐의 보조선

선(禪)의 책을 보았더니 다음과 같은 것이 적혀 있었다.

"좌선(座禪)을 하여 앉는다. 앉으면 무엇을 얻을 수 있는가, 라고 질문을 받는다. 무언가를 얻으려고 앉아서는 아무것도 얻을 수 없다."

이것과 같은 필법으로 말할 수 있다.

"퍼즐을 만들려고 하여 책상 앞에 앉아도 퍼즐은 얻을 수 없다."

전차의 손잡이를 붙들고 우두커니 바깥을 바라보고 있을 때 갑자기 새로운 퍼즐의 아이디어가 생각나는 일이 있다. 그러한 때의 마음의 상태는 무엇에 비유하면 가장 가까울까.

나는 기하 문제의 해법과 가장 비슷한 것같이 생각한다. 보조선을 1개 잘 그으면 싹 풀리는 일이 있다. 문제를 풀려고 조바심하고 있거나 이렇게 하면 확실히 풀릴 것이라고 생각해서 긋는 보조선은 의외로 도움이 안 되는데 무심코 그은 1개의 보조선이 깨닫게 해 준다. 퍼즐의 보조선도 이러한 것인지도 모른다.

여기서 소개하는 퍼즐은 보조선을 이용해서 푸는 퍼즐뿐이다. 다만 그 보조선을 긋는 방법에 심술궂은 조건이 붙어 있다. 책상 위에 퍼즐을 놓고 끙끙거리는 것만으로는 보조선을 찾아낼 수 없을지도 모른다.

예제 18. 산은 어느 방위에 해당하는가

그림의 반직선 AA′, BB′는 지도 위에서 지점 A, B에서 같은 산꼭대기의 방위를 가리킨 것이다. 그러나 보는 바와 같이 산의 위치가 지면(紙面)에서 벗어나 보이지 않는다.

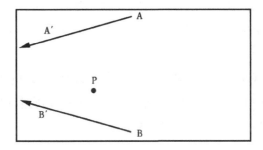

지도 속에 있는 지점 P에서 그 산의 꼭대기는 어느 방위에 해당할까?

이 지도의 지면상만의 작도로 그 방위를 P에서 출발하는 반직선으로 표시하여라.

여러 가지 풀이가 있어 즐길 수 있는 문제이다. 여기서는 우선 4가지의 작도를 들어 둔다.

(작도 1) P에서 AA′, BB′에 각각 수선 PQ, PR를 긋는다. 수선의 발 Q, R가 모두 지면 위에 있다고 한다. 이때 Q는 A와 A′의 사이에, R는 B와 B′의 사이에 있도록 (A, A′), (B, B′)를 부여할 수 있다.

선분 QR를 긋고 ∠RQA′와 같게 ∠RPP′를 만들어 P′가 PR에 관해서 B′와 같은 쪽에 있도록 하면 PP′가 구하는 방위를 가리키는 것이 된다(다음 그림).

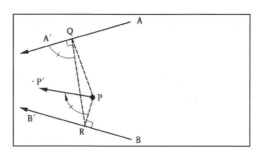

(증명) AA′, BB′의 교점(이 경우 지면 밖에 있다)을 O라 하면 사각형 PQOR는 마주 보는 각의 합이 2∠R로 되어 있으므로 원에 내접한다. 즉 △PQR의 외접원은 점 O를 지난다.

그러므로 ∠RPO=∠RQO=∠RQA′

그런데 ∠RPP′=∠RQA′ [작도]

그러므로 ∠RPP′=∠RPO

P′와 O는 PR에 관해서 같은 쪽에 있으므로 PP′와 PO는 일치한다. 즉 PP′는 AA′, BB′의 교점 O를 지난다.

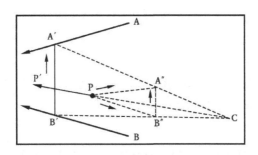

(작도 2) P를 지나고 AA′, BB′에 평행인 반직선을 P에서 AA′, BB′와 각각 반대의 방향으로 긋고 그 위의 임의의 점을 각각 A″, B″라 한다.

다음으로 A″B″에 평행인 임의의 직선이 AA′, BB′와 교차하는 점을 각각 A′, B′라 이름을 바꿔 붙이기로 한다.

2직선 A′A″, B′B″의 교점을 C라 하면 C와 P를 연결하는 직선 CP의 연장 PP′는 구하는 방위를 가리키고 있다.

(증명) AA′, BB′의 교점을 O라 하면

△OA′B ∽ △PA″B″

이고, 각 변이 각각 평행으로 되어 있으므로 이 2개의 삼각형은 상사의 위치에 있게 된다.

216

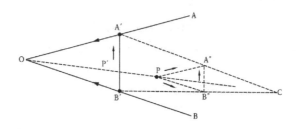

그러므로 A′A″와 B′B″의 교점 C를 OP가 지난다. 따라서 CP는 O를 지나야 할 것이다.

(작도 3) P를 지나는 직선을 긋고 2직선과의 교점을 각각 A, B라 하고 AB에 평행인 임의의 직선이 처음의 2직선과 교차하는 점을 각각 A′, B′라 한다(A에서 A′로 향하는 방향에 산이 있도록 한다).

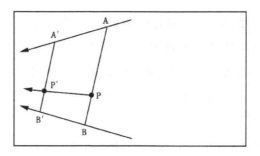

P가 AB를 내분(또는 외분)하고 있을 때는 A′B′를 AP와 PB의 비율로 내분(또는 외분)하는 점을 P′라 하여 직선 PP′를 그으면 구하는 방위를 가리키게 된다(증명은 생략한다).

이상의 작도는 자와 컴퍼스를 함께 사용했으나 자만으로 작도하는 교묘한 방법이 있으므로 다음에 보여 준다.

(작도 4) ① P를 지나는 직선이 AA′, BB′와 교차하는 점을 각각 C, D라 한다.

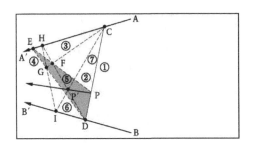

② AA′상에 임의의 1점 E를 취하여 직선 EP를 긋는다.

③ EP상에 임의의 1점 F를 취하여 직선 CF를 긋는다.

④ 직선 ED를 긋고 CF와의 교점을 G라 한다.

⑤ 직선 DF가 AA′와 교차하는 점을 H라 한다.

⑥ 직선 HG가 BB′와 교차하는 점을 Ｉ라 한다.

⑦ 직선 CI가 DH(DF)와 교차하는 점을 P′라 한다.

이때 PP′는 구하는 방위이다.

218

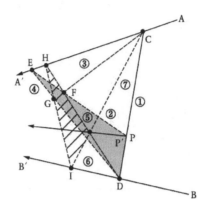

(증명) △EDP와 △HIP′에 있어서 대응하는 변의 교점

ED와 HI의 교점 G

DP와 IP′의 교점 C

DP와 IP′의 교점 C

PE와 P′H의 교점 F

가 작도에 의해서 동일 직선상에 있으므로 데자르그(Desargues)의 정리(평면상)의 역의 정리에 따라 대응하는 꼭짓점을 연결하는 직선 EH(즉 AA′), DI(즉 BB′), PP′는 같은 점에서 교차한다. 즉 PP′는 AA′, BB′의 교점을 지나게 된다.

예제 19. 보이지 않는 교점을 연결하는 직선

한정된 직사각형의 지면상에 사각형 ABCD가 그려져 있다. 이 사각형의 2조의 맞변 (AD, BC), (AB, CD)는 각각 P, Q에서 교차하지만 교점은 모두 지면 밖으로 나가서 실제로 그릴 수 없다. 직선 PQ는 지면의 둘레와 그림처럼 M, N에서 교차한다. 지면상의 작도로 선분 M, N을 구하라.

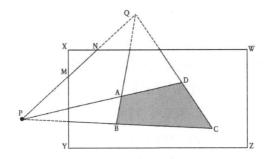

(미국, 해럴드 와이엇, 『Journal of Recreational Mathematics』
Vol.9. No.3. 1976~1977)

(작도) 지면상의 1점(예컨대 C)을 중심으로 하여 문제의 그림
(필요가 있으면 이 직사각형도 함께)을 축척 1/n(예컨대 1/2)로 축
소시킨 서로 닮은꼴 관계의 위치에 있는 도형을 만들고 P, Q에
대응하는 점 P′, Q′[A′D′, B′C′의 교점 P′, A′B′, C′D′의 교점
Q′]가 함께 지면상에 오도록 한다.

직선 P′Q′가 축도(縮圖)인 직사각형 X′Y′Z′W′와 교차하는
점을 M′, N′라 한다.

CM′, CN′가 XY, XW와 교차하는 점을 각각 M, N이라 하
면 선분 MN이 구하는 것이 된다.

일반적으로 제한된 평면상에서의 작도의 문제에서는 지면상의
1점을 중심으로 하여 1/n의 축도를 서로 닮은꼴 관계에 있는
위치에 만들고 그 축도에 대해서 요구되는 작도(지면상에서 할
수 있도록 적당한 n을 선정한다)를 해서 그 결과 얻은 것을 원래
의 도형상 같은 중심에 관해서 n배로 확대하면 되는 것이다.

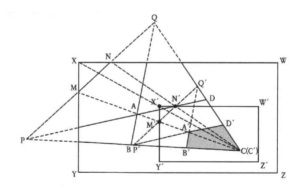

이 상사법(相似法)은 말하자면 제한된 지면의 작도의 마스터키
에 해당하는 것이다.

최초의 「산은 어느 방위에 해당하는가」의 문제를 이 마스터키로 풀어 보자.

(작도) AA′, BB′와 각각 D, E에서 교차하는 직선을 긋고 PD, PE의 중점을 각각 D′, E′라 한다.

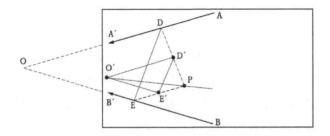

D′를 지나고 AA′에 평행인 직선과 E′를 지나고 BB′에 평행인 직선과의 교점을 O′라 한다. PO′는 구하는 방위이다.

(증명) 작도에 의해서 △ODE와 △O′D′E′의 3조가 대응하는 변은 각각 평행이므로 이 2개의 삼각형은 P를 중심으로 하여 서로 닮은꼴의 위치에 있다.

따라서 직선 OO′는 (DD′, EE′의 교점) P를 지난다. 즉 PO′는 (AA′, BB′의 교점) O를 지나는 것이다.

텔레비전의 효용

정리해 두었으면 하고 생각하는 일이 있어도 원고라도 독촉받지 않으면 쓸 수 없다는 것은 인간의 나약함이라고 말해야 할 것인가.

미리 준비해 두면 편리하다는 것은 충분히 알고 있으면서 실행하려고 하지 않는다. 주문이 있고 기일이 이러이러하다고 지정되면 허둥거리며 단기간에 정리하지 않으면 안 되게 된다. 검토의 여유가 충분히 없어 만족스럽지 못한 채로 원고를 건네주지 않으면 안 된다. 그 뒤에 이렇게 중얼거린다.

—그토록 인간은 생각이 얕은 것이다.

생각이 얕은 행위를 아침부터 저녁까지 충분히 계속하였을 때 밤에는 텔레비전이라도 보면서 느긋하게 취침하고 싶다. 이대로는 낮 동안의 흥분이 가라앉지 않아 도저히 푹 잘 수 없을 것 같기 때문이다. 이러한 머리의 상태를 풀기 위해 보는 텔레비전이다. 드라마라 해도 판에 박힌 아주 뻔한 줄거리를 진행시켜 가는 것이 좋다. 장기흥행을 계속하는 이 종류의 시대극이 있는 것은 많은 사람이 텔레비전의 '효용'을 나와 마찬가지로 생각하고 있기 때문이 아닐까.

시시한 줄거리라고 생각하면서도 안심하고 보는 동안 모르는 사이에 신경이 평정을 되찾아 잠들어 버린다.

문제 51. 물을 길러 가는 지름길

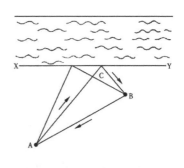

점 A에 있는 집의 농부가 매일 점 B에 있는 마구간의 말에게 물을 운반하고 있다. 도중에 개울에 들러 물을 긷는 것이다. A에서 B로 가고 다시 A로 되돌아오는 가장 가까운 길을 다니고 있다 한다. 그 길을 그림에 나타내라는 문제가 있다.

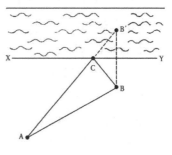

B에서 A로 되돌아오는 길은 물론 선분 AB를 지나는 것이 가장 가까우므로 문제는 A에서 C에 들러서 B로 가는 지름길을 구하는 것이 된다. 이것은 보통 다음과 같이 해서 구한다.

점 B의 물가 XY에 대한 경상(鏡像)을 B′라 하고 A와 B′를 연결하여 이쪽 물가 XY와의 교점 C를 구한다. A에서 C를 경유해서 B로 가는 꺾은선의 길이 가장 가까운 길이 된다.

그러나 물가의 저쪽은 개울이고 점 B′를 결정할 수 없는 일도 있다. 이 경우 개울 바로 앞에서만 점 C를 구하려면 어떻게 하면 될까.

〔나카무라 기사쿠(中村義作), 마이니치신문 「수리 퍼즐」〕

224

해답

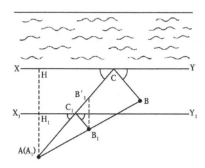

어느 하나의 점 O(예컨대 A)를 서로 닮은꼴 관계에 있는 것의 중심으로 하여 예컨대 1/2의 축척으로 도형(점 A, B, 직선 XY)의 축도를 그린다. 점 A_1(이 그림에서는 A와 일치한다), B_1, 직선 X_1Y_1이 그것이다. A_1에서 X_1Y_1상의 점을 경유해서 B_1에 이르는 가장 가까운 길을 그린다. 즉 X_1Y_1에 대한 B_1의 경상을 B_1'이라 하고 직선 A_1B_1'가 직선 X_1Y_1과 교차하는 점을 C_1이라 하면 꺾은선의 길 $A_1C_1B_1$이 그것이다.

이것을, A_1을 서로 닮은꼴 관계에 있는 것의 중심으로 하여 2배로 확대해서 B_1이 B에 오도록 원래대로 되돌릴 때 C_1에 대응하는 점 C(XY상에 있는)를 구하면 꺾은선 ACBA가 답이 된다.

작도에 의하여 $\angle AC_1X_1 = \angle B_1C_1Y_1$이라는 것, 또 XY//$X_1Y_1$, B_1C_1//BC가 되는 것으로부터

$$\angle ACX = \angle BCY$$

라는 것이 유도되어 C가 구하는 점이라는 것을 알 수 있다.

또 예컨대 점 A를 중심으로 하여 점대칭의 도형을 그려서 그

그림에 대해서 작도하고 그 결과를 원래의 도형상에 되돌리는
방법, 또는 A를 지나고 XY에 평행인 직선을 대칭축으로 하여
대칭인 도형을 그려서 거기서 작도한 결과를 대칭이동으로 원
래대로 되돌려도 얻을 수 있다.

 어느 것도 서로 닮은꼴 관계에 있는 도형(합동을 포함)에 대한
작도로 옮겨서 허용된 부분만을 생각하는 마스터키를 사용하는
방법이다.

고유의 열쇠

이것으로 아무튼 풀 수 있음을 알았다. 이때 이 문제만에 대한 고유의 열쇠가 있는 것은 아닌가 생각하는 것은 자연스러울 것이다.

나카무라 기사쿠 씨의 교묘한 작도를 소개하자.

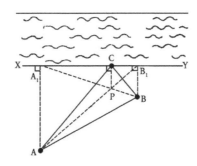

① 2점 A, B에서 직선 XY에 수선을 긋고 그 발을 각각 A_1, B_1이라 한다.

② 직선 AB_1, A_1B를 긋고 그 교점을 P라 한다.

③ P에서 XY에 수선을 긋고, 그 발을 C라 한다.

꺾은선 ACB가 구하려 하는 A에서 XY상의 1점을 거쳐 B에 이르는 가장 짧은 길이다. 따라서 꺾은선 ACBA가 농부가 매일 다니는 길이다.

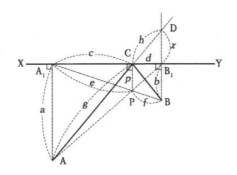

(증명) 먼저 AC의 연장이 BB₁의 연장과 교차하는 점을 D라 하고, $B_1D = BB_1$이 되는 것을 보여 주자.

그림과 같이 선분의 길이를 나타내면 평행선과 비례의 관계, 상사 삼각형의 성질로부터

$$\frac{c}{c+d} = \frac{p}{b} \quad \cdots\cdots (1)$$

또 $\dfrac{c}{d} = \dfrac{g}{h}$로부터 $\dfrac{c}{c+d} = \dfrac{g}{g+h} \quad \cdots\cdots (2)$

또 $\dfrac{g}{g+h} = \dfrac{p}{x} \quad \cdots\cdots (3)$

(1), (2), (3)으로부터

$$\frac{p}{b} = \frac{p}{x} \quad \text{그러므로} \quad x = b$$

다음으로 이러한 것으로부터 D는 XY에 대한 B의 경상 B₁와 일치한다는 것, 따라서 C는 A와, B의 경상 B₁를 연결하는 직선이 XY와 교차하는 점이라는 것을 알 수 있다.

(주) '고유의 열쇠'에서 첫 번째 그림 $\triangle AA_1C$와 $\triangle BB_1C$가 서로 닮은꼴 관계에 있음을 증명하고 AA_1과 BB_1이 그 대응하는 변이라는 것으로부터 그 마주 보는 각 $\angle ACA_1$과 $\angle BCB_1$이 같다는 것을 증명하는 방법도 있다.

문제 52. 컴퍼스에만 의존하다

그림과 같이 원 O(중심은 O)와 이 원 내부와 외부에 1점씩 A와 B가 있다. 직선 AB를 그리면 원과 2점에서 마주칠 것인데 이 교점을 컴퍼스만으로 구하여라.

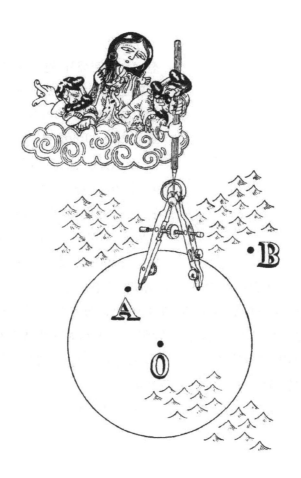

230

해답

① A를 중심으로 하여 반지름 AO의 원을 그린다.

② B를 중심으로 하여 반지름 BO의 원을 그린다. ①과 ②에서 그린 원의 O가 아닌 쪽의 교점을 O′라 한다.

③ O′를 중심으로 하여, 원 O와 같은 반지름의 원 O′를 그린다. 원 O와 원 O′의 교점을 P, Q라 하면, 이 두 점이 직선 AB와 원 O의 교점이 된다.

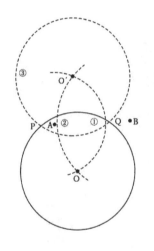

작도 ①~③에 의하여 원 O′는 직선 AB에 관해서 원 O와 대칭인 도형으로 되어 있으므로 직선 AB와 원 O의 교점은 또한 직선 AB와 원 O′의 교점이 되어야 할 것이다. 그러므로 원 O와 원 O′의 교점을 직선 AB가 지나간다. 즉 2개 원의 교점은 원 O와 직선 AB의 교점이 된다.

원과 직선의 교점은 2개보다 많지는 않으므로 2개의 원 O, O′의 교점 이외에는 원 O와 직선 AB의 교점은 없다.

(주) 두 점 A, B가 원 내외 어디에 있어도 직선 AB가 원 O의 중심을 지나지 않는 경우에는 위와 마찬가지 작도가 적용된다. 다만 2개의 원 O, O′가 교차하지 않을 때는 직선 AB와 원 O는 교차하지 않는 경우이다.

〔이것은 L. 마스케로니(1750~1800)의 컴퍼스만의 작도 중 하나다〕

문제 53. 원의 중심—자에만 의존하다

　교차하고 있는 2개의 원이 있는데 어느 쪽도 중심이 표시되어 있지 않다. 눈금이 없는 자(2점을 지나는 직선을 그을 수 있는)만으로 이들 원의 중심을 구하여라.

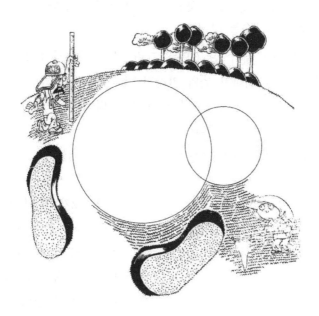

해답

2개의 원의 교점을 X, Y라 하고 한쪽의 원에 하나의 현 CD를 취한다(원둘레 위에 2점 C, D를 취하는 것만으로 된다).

① 직선 CX, DY를 긋고, 다른 쪽 원과의 교점을 각각 A, B라 한다.

② 직선 CY, DX를 긋고, 다른 쪽 원과의 교점을 각각 E, F라 한다.

③ 직선 AF, BE를 긋고, 그 교점 P를 구한다.

④ 직선 AE, BF를 긋고, 그 교점 Q를 구한다.

⑤ 직선 PQ를 긋는다.

위의 작도에서 현 CD를 그린 쪽의 원에서 CD와는 별개의 현 C′D′를 취하고 위와 마찬가지의 작도 ①′~⑤′를 행한다.

⑤의 직선 PQ와 ⑤′의 직선 P′Q′의 교점을 O라 한다. O는 한쪽 원의 중심이 된다.

마찬가지로 하여 다른 쪽 원의 중심도 얻을 수 있다.

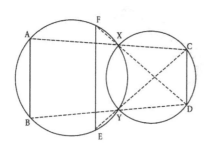

I. 2개 원의 교점을 X, Y라 하고 한쪽 원의 하나의 현을 AB라 할 때 AX, BY와 다른 쪽 원의 교점을 각각 C, D라 한다. 다음으로, CY, DX와 처음의 원과의 교점을 각각 E, F라 하면

AB//FE

Ⅱ. 하나의 원의 평행인 현을 AB, FE라 한다. 직선 AF, BE 의 교점을 P, 직선 AE, BF의 교점을 Q라 하면, 이 원의 중심 은 직선 PQ상에 있다(AF//BE라면 Q가 이 원의 중심과 일치한다).

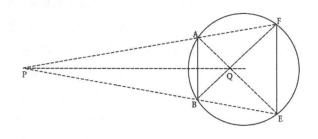

사각형 ABEF는 등각사다리꼴이 되어

  AP=BP, AQ=BQ

가 증명되고 직선 PQ는 현 AB의 수직이등분선이 되기 때문이다.

하켄의 메모

우치다 하켄(內田百間)의 수필은 몇 번 읽어도 재미있다. 『우치다 하켄 전집』 1권에 있는 「후코로쿠(風稿錄)」에서 조금만 골라 적기로 하자. "○년 ○월 교토에 용무가 있어 도쿄역에서 급행열차를 탔다. (중략) 아까부터 끊임없이 하이쿠〔俳句 : 일본 고유의 단시(短詩)〕의 뜻이 발동하므로 잊지 않기 위해 적어 두려고 생각하였지만 마침 수첩을 갖고 있지 않았다." 그래서 주머니 속에 있었던 종이봉투를 꺼내서 "봉투의 양면에 가득 하이쿠를 적어 두었다.—적고 있는 동안에 또 계속해서 떠오르는 구절을 차례차례 기록해 갔더니 금방 십수 구절의 여행중 시가(詩歌)가 완성되었다."

그리고 나서 무더워진 것처럼 느꼈기 때문에 창문을 열려고 하였다. "갑자기 밖의 세찬 바람이 내가 들고 있는 종이봉투를 낚아채듯 불어 채서 '이크'라고 생각했을 때는 차창 앞을 스치듯 지나간 먼 쪽 신호등의 기둥 저쪽으로 흰 종이 쪽지가 훨훨 날아갔다.

그래서 나의 즉흥시는 산기슭 평야의 바람에 흩어져 버렸다. —그렇게도 많이 있었을 것인 구절이 이상하게도 단지 한 구절도 생각나지 않는 것이다. 그래서 더욱더 천래(天來)의 신이 은밀히 가호하는 듯한 영묘한 감흥이었던 것 같은 생각이 들어 애석하기 짝이 없다." (상당히 생략했기 때문에 원문의 묘미가 상실돼 버렸다. 원문은 계속된다.)

같은 경험을 몇 번이나 되풀이한 나는 외출할 때 메모지와 연필을 몸에 지니는 것이 습성이 되었다.

문제 54. 사다리꼴을 이등분—자에만 의존하다

사각형 ABCD는 AD//BC의 사다리꼴이다. 자만 사용해서 넓이를 이등분하는 직선을 그어라. 자를 사용하는 횟수를 가급적 적게 하려고 한다.

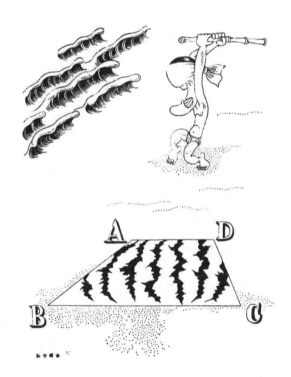

해답. ①~⑤의 순서로 작도한다

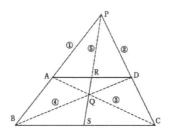

(증명) △PBC와 1점 Q에 관해서 체바(Ceva)의 정리에 따라

$$\frac{PA}{AB} \cdot \frac{BS}{SC} \cdot \frac{CD}{DP} = 1 \quad \cdots\cdots \text{ (1)}$$

또 AD//BC로부터

$$\frac{PA}{AB} = \frac{PD}{DC} \quad \cdots\cdots \text{ (2)}$$

(1)과 (2)로부터 $\dfrac{BS}{SC} = 1$

또 △PAD와 1점 Q에 관해서 체바의 정리에 따라

$$\frac{PB}{BA} \cdot \frac{AR}{RD} \cdot \frac{DC}{CP} = 1 \quad \cdots\cdots \text{ (3)}$$

AD//BC로부터 $\dfrac{PB}{BA} = \dfrac{PC}{CD} \quad \cdots\cdots \text{ (4)}$

그러므로 (3)과 (4)로부터 $\dfrac{AR}{RD} = 1$

즉 R, S는 각각 AD, BC의 중점이다. 따라서 사다리꼴 ABSR와 사다리꼴 RSCD는 위의 밑변, 아래의 밑변이 각각 같고 높이가 같으므로 넓이가 같아져 RS는 사다리꼴 ABCD를 이등분하게 된다.

문제 55. 자만으로 평행선을

그림의 점 M은 선분 AB의 중점이다. 이 밖에 직선 AB상에 없는 점 P가 주어져 있다. 눈금이 없는 자만을 사용해서 P를 지나고 AB에 평행인 직선을 그어라. 같은 간격으로 배열된 3점 이 직선상에 주어져 있으므로 이 직선의 평행선을 그을 수 있는 것이다.

(슈타이너 『자의 기하』의 중요한 작도 중 하나)

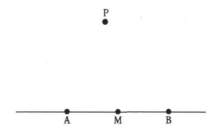

해답

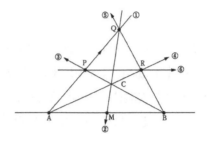

① 직선 AP를 긋는다.

② AP의 연장상의 임의의 1점을 Q라 하고 직선 QM을 긋는다.

③ 직선 BP를 긋고 QM과의 교점을 C라 한다.

④ 직선 AC를 긋는다.

⑤ 직선 BQ를 긋는다.

⑥ AC, BQ의 교점을 R라 하고 직선 PR를 긋는다. 직선 PR는 P를 지나고 AB와 평행이 된다.

체바의 정리에 따라서

$$\frac{QP}{PA} \cdot \frac{AM}{MB} \cdot \frac{BR}{RQ} = 1$$

또 $\frac{AM}{MB} = 1$

이므로 $\frac{QP}{PA} \cdot \frac{BR}{RQ} = 1$

즉 $\frac{QP}{PA} = \frac{RQ}{BR}$

그러므로 PR//AB

문제 56. 정사각형과 자

정사각형 ABCD가 주어져 있다. 눈금이 없는 자만의 작도로
(a) 넓이 2배의 정사각형
(b) 넓이가 절반의 정사각형
을 만들어라.

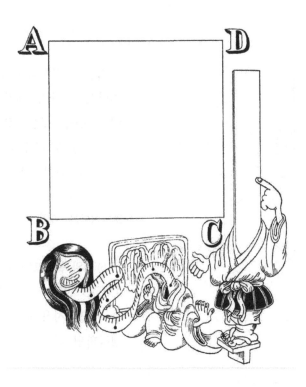

240

해답. (a) 12수 (b) 11수

(a) 정사각형 A′B′C′D′ 또는 정사각형 ACC′D′를 자만 사용해 그리는 것을 생각하면 되는데 (a)₁은 16수, (a)₂는 12수가 된다.

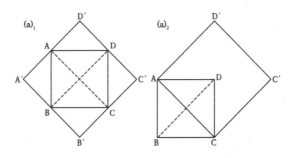

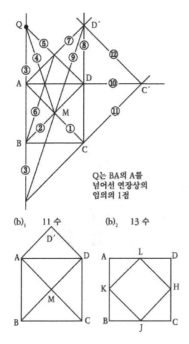

Q는 BA의 A를
넘어선 연장상의
임의의 1점

처음의 정사각형의 꼭짓점을 지나서 하나의 대각선에 평행인 직선을 긋는 것이 기본이 된다. (a)₂에 대해서 작도의 수순을 ①~⑫로 나타냈다[이 풀이는 고바야시 시게타로(小林茂太郎) 씨에게 힘입은 바 크다].

(b) 왼쪽 그림의 정사각형 AMDD′ 또는 정사각형 LKJH를 자만 사용해 그리는 것을 생각하면 된다.

문제 57. 정사각형에서 삐져나오지 않도록!

　정사각형 ABCD가 주어져 있다. 이 정사각형에서 삐져나오지 않는 자의 작도로 넓이가 절반인 정사각형을 만들어라. 자로 선을 긋는 횟수를 가급적 적게 하려고 하는데 몇 번으로 그을 수 있을까?

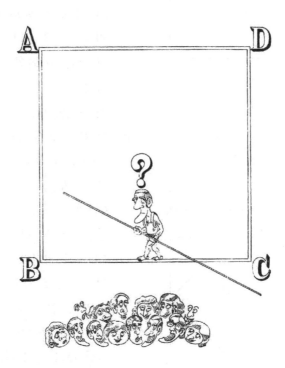

해답. 13회

자만으로 정사각형에서 삐져나오지 않는 작도에 의해서 변의
중점을 구하는 것이 요점이다[앞 문제 (b)₂의 작도이기도 하다].

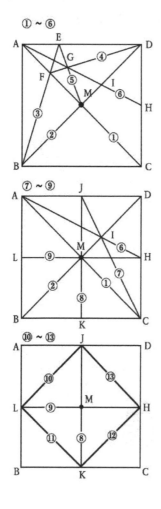

(작도)

① AC를 긋는다.

② BD를 긋는다. AC, BD의 교
점을 M이라 한다.

③ AD(양 끝을 제외한다)상의 임
의의 1점을 E라 하여 BE를
긋는다. AC와의 교점을 F라
한다.

④ DF를 긋는다.

⑤ EM을 긋는다. DF, EM의 교
점을 G라 한다.

⑥ 직선 AG를 긋는다. AG와
CD의 교점을 H, BD의 교
점을 I라 한다. H는 변
CD의 중점이다.*

⑦ 직선 CI를 긋는다. 변 AD
와의 교점을 J라 하면 J는
변 AD의 중점이다.**

⑧ 직선 JM을 긋는다. 변 BC와
의 교점을 K라 하면 K는

BC의 중점이다.

⑨ 직선 HM을 긋는다. 변 AB와의 교점을 L이라 하면 L은 변 AB의 중점이다.

⑩~⑬ 위에서 구한 정사각형의 각 변의 중점 J, L, K, H, (J)를 차례로 연결하여 정사각형 JLKH를 그린다.

(주*) △AMD를 자르는 직선 EFB에 대해서 메넬라우스(Menelaus)의 정리에 따라

$$\frac{AF}{FM} \cdot \frac{MB}{BD} \cdot \frac{DE}{EA} = 1 \ \cdots\cdots \ (1)$$

또 △AMD와 점 G에 대해서 체바의 정리에 따라

$$\frac{AF}{FM} \cdot \frac{MI}{ID} \cdot \frac{DE}{EA} = 1 \ \cdots\cdots \ (2)$$

(1)과 (2)로부터

$$\frac{MI}{ID} = \frac{MB}{BD} = \frac{1}{2}$$

DM은 △ACD의 하나의 중선(中線)이고 I는 그 위에 있고, DI : IM=2 : 1이므로 I는 △ACD의 중심이다. 그러므로 직선 AI는 변 CD의 중점을 지난다. 즉 H는 변 CD의 중점이다.

(주**) I는 △ACD의 중심이므로, 직선 CI는 변 AD의 중점 J를 지난다.

후기

후지무라 고자부로 씨와는 고베와 도쿄에 떨어져 있지만 기회 있을 때마다 대담한다. 이 책의 퍼즐은 그때 화제가 된 것이 대부분이다. 따라서 오래된 것도, 새로운 것도 있고 또 자작(自作)의 것, 그렇지 않은 것도 있으나 모두 추억 어리고 우리가 감동을 느껴 열중한 것이다. 그리고 오랜 세월에 걸친 퍼즐과의 만남의 기록이기도 하다. 물론 지면이 한정되어 전부를 망라할 수는 없으므로 몇 개인가의 테마에 따라 선정하게 되었다. 훗날 기회가 있으면 그 밖의 것도 보여 줄 마음의 준비가 되어 있음을 밝히고 양해를 구하려고 생각한다.

고바야시 시게타로 씨로부터는 퍼즐의 친구로서 몇 가지 아이디어를 제공받았다. 또 나카무라 기사쿠, 도바시 소사쿠, 가즈히사 이다카 씨 등 여러분께 부탁해서 새로 만든 문제를 화제로 하였다. 깊이 감사드린다. 원작의 묘미를 손상시키지 않도록 유념하였지만 그 밖의 것과 취급을 일치시키기 위해 다소 고쳐 쓴 부분이 있다. 용서 바란다.

이 책을 정리함에 있어 1960년에서 1961년에 걸쳐서 쇼가쿠칸(小學館)의 잡지 『수학의 연구(數學の研究)』, 요미우리(讀賣)신문사의 『과학 요미우리』에 게재한 것의 일부를 수록할 수 있었다. 기꺼이 허락해 준 두 회사에 사의를 표명한다.

후지무라 씨의 옛 저서의 문제를 인용하거나 나의 저서에서 일부 다시 수록한 것도 있으나 『퍼즐의 임금님』 이외는 지금은 입수하기 어려워진 것이고 거듭 새로운 관점에서 다룬 것을 덧

붙여 써 둔다. 내가 좋아하는 말에 논어의 온고지신(溫故知新, 옛 것을 익혀 새것을 앎)이라는 것이 있다. 이번에도 새로운 것을 몇 가지나 발견할 수 있어 이 책에도 그 성과를 부가할 수 있었다. 좋은 퍼즐을 올바르게 전달하려고 하는 것이 우리의 변함없는 염원이다.

마쓰다 미치오

수학 아이디어 퍼즐
아이디어와 추리로 도전하라

초판 1쇄 1994년 12월 30일
개정 1쇄 2023년 05월 02일

지은이 후지무라 고자부로·마쓰다 미치오
옮긴이 임승원
펴낸이 손영일
펴낸곳 전파과학사
주소 서울시 서대문구 증가로 18, 204호
등록 1956. 7. 23. 등록 제10-89호
전화 (02) 333-8877(8855)
FAX (02) 334-8092
홈페이지 www.s-wave.co.kr
E-mail chonpa2@hanmail.net
공식블로그 http://blog.naver.com/siencia

ISBN 978-89-7044-599-1(03410)
파본은 구입처에서 교환해 드립니다.
정가는 커버에 표시되어 있습니다.

도서목록
현대과학신서

도서목록
BLUE BACKS